AF345100

RÉCITS DE L'INFINI

CAMILLE FLAMMARION

RÉCITS DE L'INFINI

LUMEN

HISTOIRE D'UNE COMÈTE

DANS L'INFINI

DEUXIÈME ÉDITION

PARIS

LIBRAIRIE ACADÉMIQUE
DIDIER ET Cie, LIBRAIRES-ÉDITEURS
3⁵, QUAI DES AUGUSTINS

1873

LUMEN

ENTRETIEN ASTRONOMIQUE-D'OUTRE-TERRE

LUMEN

PREMIER RÉCIT[1]

RESURRECTIO PRÆTERITI

I

Quærens. — Vous m'avez promis, ô Lumen !
de me faire le récit de cette heure étrange, étrange
entre toutes, qui suivit votre dernier soupir, et de
me raconter comment, par une loi naturelle, quoique si singulière, vous revîtes le passé dans le
présent, et pénétrâtes un mystère qui était resté
si obscurément caché jusqu'aujourd'hui.

Lumen. — Oui, mon vieil ami, je vais tenir ma
promesse, et grâce à la longue correspondance de
nos âmes, j'espère que vous comprendrez ce phénomène « étrange », comme vous le qualifiez. Il

1. Écrit en 1865.

est des contemplations dont l'œil mortel ne peut que difficilement soutenir la puissance. La mort qui m'a délivré des sens faibles et fatigables du corps ne vous a pas encore touché de sa main libératrice. Vous appartenez au monde des vivants. Malgré l'isolement de votre retraite, en ces royales tours du faubourg Saint-Jacques, où le profane ne vient point distraire vos méditations, vous faites néanmoins partie de l'existence terrestre et de ses préoccupations superficielles. Ne vous étonnez donc pas, si au moment de vous associer à la connaissance de mon mystère, je vous invite à vous isoler davantage encore des bruits extérieurs et à m'accorder toute l'*intensité d'attention* que votre esprit est capable de concentrer en lui-même.

QUÆRENS. — Je n'ai d'oreilles que pour vous entendre, ô Lumen ! et je n'ai d'esprit que pour m'appliquer à vous comprendre. Parlez donc sans crainte et sans détours, et daignez me faire connaître ces impressions inconnues pour moi qui succèdent à la cessation de la vie.

LUMEN. — A quel point désirez-vous que je commence mon récit?

QUÆRENS. — Si vous vous souvenez à partir du moment où ma main tremblante vous ferma les yeux, je vous serais reconnaissant de prendre là votre origine.

Lumen. — Oh! la séparation du principe pensant et de l'organisme nerveux ne laisse dans l'âme aucune sorte de souvenir. C'est comme si les impressions du cerveau, qui constituent l'harmonie de la mémoire, s'effaçaient entièrement pour se renouveler bientôt sous un autre mode. La première sensation d'identité que l'on éprouve après la mort ressemble à celle que l'on ressent au réveil pendant la vie, lorsque, revenant peu à peu à la conscience du matin, on est encore traversé par les visions de la nuit. Sollicité par l'avenir et par le passé, l'esprit cherche à la fois à reprendre pleine possession de lui-même et à saisir les impressions fugitives du rêve évanoui, qui passent encore en lui, avec leur cortége de tableaux et d'événements. Parfois, absorbé dans cette rétrospection d'un songe captivant, il sent sous la paupière qui se referme les chaînes de la vision se renouer, et le spectacle se continuer; il retombe à la fois dans le rêve et dans une sorte de demi-sommeil. Ainsi se balance notre faculté pensante au sortir de cette vie, entre une réalité qu'elle ne comprend pas encore, et un rêve qui n'est pas complétement disparu. Les impressions les plus diverses se mélangent et se confondent, et si, sous le poids des sentiments périssables, l'on regrette la terre d'où l'on vient d'être exilé, on est alors accablé par un sentiment de tristesse indéfinissable qui pèse sur nos pensées, nous enveloppe de ténèbres, et retarde la clairvoyance.

QUÆRENS. — Est-ce que vous avez éprouvé ces sensations immédiatement après la mort?

LUMEN. — Après la mort? Mais la mort n'est pas. Le fait que vous désignez sous ce nom, la séparation du corps et de l'âme, ne s'effectue pas, à vrai dire, sous une forme matérielle, comparable aux séparations chimiques des éléments dissociés que l'on observe dans le monde physique. On ne s'aperçoit guère plus de cette séparation définitive, qui vous semble si cruelle, que l'enfant nouveau-né ne s'aperçoit de sa naissance. Nous sommes enfantés à la vie céleste comme nous le fûmes à la vie terrestre. Seulement, l'âme n'étant plus enveloppée des langes corporels qui la revêtent ici-bas acquiert plus promptement la notion de son état et de sa personnalité. Cette faculté de perception varie toutefois essentiellement d'une âme à l'autre. Il en est qui pendant la vie du corps ne s'élevèrent jamais vers le ciel et ne se sentirent jamais anxieuses de pénétrer les lois de la création. Celles-là, encore dominées par les appétits corporels, demeurent longtemps à l'état de trouble et d'inconscience. Il en est d'autres, heureusement, qui, dès cette vie, s'envolèrent sur leurs aspirations ailées vers les cimes du beau éternel ; celles-là voient arriver avec calme et sérénité l'instant de la séparation : elles savent que le progrès est la loi de l'existence et qu'elles entreront, au delà, dans une vie supérieure à celle d'en deçà ; elles suivent pas à pas la léthargie qui monte à leur cœur, et lorsque le dernier battement, lent et insensible, s'arrête en son cours, elles sont déjà au-dessus de leur corps dont elles ont observé l'endormissement ; et, se délivrant des liens magnétiques, elle se sentent rapidement emporter par une force inconnue vers le point de la création où leurs aspirations, leurs sentiments, leurs espérances les attirent.

Quærens. — L'entretien que j'inaugure en ce moment avec vous, mon cher maître, me remet en mémoire les dialogues de Platon sur l'immortalité de l'âme ; et comme Phèdre le demandait à son maître Socrate, le jour même où celui-ci devait prendre la ciguë pour obéir à l'inique sentence des Athéniens, je vous demanderai moi-même, ô vous qui avez passé le terme fatal, quelle

différence essentielle distingue l'âme du corps,
puisque celui-ci meurt, tandis que la première ne
meurt pas.

LUMEN. — Je ne donnerai pas à cette question
une réponse métaphysique comme celle de Socrate, ni une réponse dogmatique comme celle
des théologiens, mais une réponse scientifique ;
car, vous comme moi, nous n'attribuons de valeur
qu'aux faits constatés par les méthodes positives.
Or, il y a dans l'homme, comme dans l'univers
lui-même, trois principes bien distincts : 1° le
corps ; 2° la force vitale ; 3° l'âme.

Je les nomme dans cet ordre pour suivre la méthode *à posteriori*. Le corps est une association de
molécules, formées elles-mêmes de groupements
d'atomes. Les atomes sont inertes, passifs, immuables et indestructibles. Ils entrent dans l'organisme par la respiration et l'alimentation, renouvellent incessamment les tissus, sont remplacés par d'autres, et, chassés par la vie, s'en vont
appartenir à d'autres corps. En quelques mois,
le corps humain est entièrement renouvelé, et ni
dans le sang, ni dans la chair, ni dans le cerveau,
ni dans les os, il ne reste plus un atome de ceux
qui constituaient le corps quelques mois auparavant. Par le grand médium de l'atmosphère

surtout, les atomes voyagent sans cesse d'un corps à l'autre. La molécule de fer est la même, qu'elle soit incorporée au sang qui palpite sous la tempe d'un homme illustre ou qu'elle appartienne à un vil fragment de ferraille rouillée. La molécule d'oxygène est la même, soit qu'elle brille sous le regard amoureux de la fiancée, soit qu'en s'unissant à l'hydrogène elle jette sa flamme dans l'une des mille lumières des nuits parisiennes ou tombe en goutte d'eau du sein des nues. Les corps actuellement vivants sont formés de la cendre des morts, et si tous les morts ressuscitaient, il manquerait aux derniers venus bien des fragments ayant appartenu aux premiers. Et, pendant la vie elle-même, bien des échanges se font, entre ennemis comme entre amis, entre les hommes, les animaux, les plantes, qui étonneraient singulièrel'œil analysateur. Ce que vous respirez, mangez et buvez, a déjà été respiré, bu et mangé des milliers de fois. — Tel est le corps : un assemblage de molécules matérielles qui se renouvelle constamment.

La force vitale, la vie, est le principe auquel ces molécules doivent d'être groupées suivant une certaine forme, et de constituer un organisme. La force régit les atomes passifs, incapables de se conduire eux-mêmes, inertes ; elle les appelle, les

fait venir, les prend, les place, les dispose suivant
certaines règles, et forme ce corps si merveilleusement organisé, que l'anatomiste et le physiolo-
giste contemplent. Les atomes sont indestructibles; la force vitale ne l'est pas. Les atomes n'ont
pas d'âge ; la force vitale naît, vieillit, meurt. Un
octogénaire est plus âgé qu'un adolescent de vingt
ans. Pourquoi? Les atomes qui le constituent ne
sont en lui que depuis quelques mois au plus, et
d'ailleurs, ne sont ni vieux ni jeunes. Analysés, les
éléments constitutifs de son corps n'ont pas d'âge.
— Qui est vieilli en lui? C'est sa force vitale, usée,
finie. Comme la chaleur, l'électricité, la vie est
une force engendrée par certaines causes. Elle se
transmet par la génération. Elle entretient le corps
instinctivement et sans avoir conscience d'elle-
même. Elle a un commencement et une fin. Elle
est le principe vital : force physique inconsciente,
organisatrice et conservatrice du corps.

L'âme est un être intellectuel, pensant, immaté-
riel. Le monde des idées, dans lequel elle vit, n'est
pas le monde de la matière. Elle n'a pas d'âge, ne
vieillit pas. Elle n'est pas changée en un mois ou
deux, comme le corps; car après des mois, des
années, des dizaines d'années, nous sentons que
nous avons gardé notre identité, que notre *moi* est

resté. Autrement, si l'âme n'existait pas, et si la faculté de penser était une propriété du cerveau, nous ne pourrions plus continuer de dire que *nous avons* un corps : ce serait notre corps, notre cerveau *qui nous aurait*. D'ailleurs, de période en période, notre conscience changerait, nous n'aurions plus la certitude ni même le simple sentiment de notre identité, et nous ne serions plus responsables des résolutions sécrétées par les molécules qui passèrent par notre cerveau plusieurs mois auparavant. L'âme n'est pas la force vitale, car celle-ci est mesurable, se transmet par génération, n'a pas conscience d'elle-même, naît, grandit, décline'et meurt..., états tout opposés à ceux de l'âme, immatérielle, sans mesure, non transmissible, consciente. Le développement de la force vitale peut être représenté géométriquement par un fuseau, qui va en se renflant insensiblément jusqu'au milieu, puis décroît et devient nul. Au milieu de la vie, l'âme ne se dégonfle pas (si je puis employer cette comparaison) pour s'amoindrir en fuseau et avoir une fin, mais continue d'ouvrir sa parabole, lancée dans l'infini. D'ailleurs le mode d'existence de l'âme est essentiellement différent de celui de la vie. C'est un mode *spirituel.* Le sentiment du juste ou de l'injuste, du vrai ou du faux, du bon ou du mauvais; l'étude, les mathématiques, l'analyse, la synthèse, la contemplation, l'admiration, l'amour, l'affection ou la haine, l'estime ou le mépris, en un mot, les occupations de l'âme, qu'elles quelles soient, sont de l'ordre intellectuel et moral, que ni les atomes, ni les forces physiques ne peuvent connaître, et qui existe aussi réellement que l'ordre physique.

Ces trois éléments de la personne humaine, nous les retrouvons dans l'ensemble de l'univers : 1° les atomes, les mondes matériels, inertes, passifs; 2° les forces physiques, actives, qui régissent les mondes : 3° Dieu, l'esprit éternel et infini, organisateur *intellectuel* des lois *mathématiques* auxquelles les forces obéissent... Dieu inconnu, en qui résident les principes suprêmes du vrai, du beau et du bien.

L'âme ne peut être attachée au corps que par la force vitale intermédiaire. Lorsque la vie s'est éteinte, l'âme se sépare naturellement de l'organisme et cesse d'avoir aucun rapport immédiat avec l'espace et le temps. Elle n'a aucune densité, aucun poids. Après la mort, l'âme reste dans le lieu du ciel où se trouve la Terre au moment de la séparation. Vous savez que la Terre est une planète du ciel, aussi bien que Vénus ou Jupiter.

La Terre continue de courir le long de son orbite, en raison de 26,800 lieues à l'heure, de telle sorte qu'une heure après la mort, l'âme se trouve à cette distance de son corps, par le seul fait de son dégagement des lois de la matière et de son immobilité dans l'espace. Ainsi, nous sommes dans le ciel immédiatement après notre mort, comme du reste nous y avons été tout le temps de notre vie. Seulement nous n'avons plus de poids qui nous cloue à la planète. J'ajouterai, toutefois, qu'en général l'âme est quelque temps à se dégager entièrement de l'organisme nerveux, et que parfois elle reste plusieurs jours, plusieurs mois même, magnétiquement reliée à son ancien corps qu'elle n'aime pas abandonner.

Quærens. — C'est la première fois que je conçois sous une forme sensible ce fait non surnaturel de la mort, et que je comprends l'existence individuelle de l'âme, son indépendance du corps et de la vie, sa personnalité, sa survivance et sa situation si simple dans le ciel. Cette théorie synthétique me prépare, je l'espère, à entendre et apprécier votre révélation.

Un événement singulier vous frappa, m'avez-vous dit, à votre entrée dans la vie éternelle. Vers quel moment survint-il?

LUMEN. — Voici, mon ami. Laissez-moi suivre ma narration. Minuit sonnait, vous le savez, au timbre sonore de mon vieux tableau, et la pleine lune, au milieu de sa course, versait sa pâle clarté sur mon lit mortuaire, quand ma fille, mon petit-fils et leurs compatriotes se retirèrent pour prendre quelque repos. Vous voulûtes rester à mon chevet, et promîtes à ma fille de ne pas me quitter jusqu'au matin. Je vous remercierais de votre dévouement si tendre et si passionné, si nous n'étions de vieux amis. Il y avait bien une demi-heure que nous étions seuls, car l'astre des nuits déclinait à droite, lorsque je vous pris la main et vous annonçai que la vie abandonnait déjà l'extrémité de mes membres. Vous m'assuriez du contraire; mais j'observais avec calme mon état physiologique, et je savais que peu d'instants restaient encore à ma respiration. Vous vous dirigeâtes doucement vers l'appartement de mes enfants; mais (je ne sais par quelle concentration d'efforts) je pus parvenir à vous crier d'arrêter. Vous revîntes, les larmes aux yeux, mon ami, et vous me dîtes : « C'est vrai, vos dernières volontés sont données; et demain matin il sera temps encore de faire venir vos enfants. » Il y avait dans ces paroles une contradiction que je ressentis sans le faire paraître. Vous souvenez-vous qu'alors je vous priai d'ouvrir la fenêtre. Quelle belle nuit d'octobre, plus belle que celle des bardes d'É-cosse chantée par Ossian! Non loin de l'horizon et sous mes yeux, on distinguait les Pléiades, voi-lées par les brumes inférieures. Castor et Pollux planaient victorieusement dans le ciel, un peu plus loin. Et au-dessus, formant un triangle constellé avec les précédentes, on admirait dans la constel-lation du Cocher une belle étoile blanche, qui, dessinée au bord des cartes zodiacales, se nomme *Capella* ou *la Chèvre.*

Vous voyez que la mémoire ne me fait pas dé-faut. Lorsque vous eûtes ouvert la haute fenêtre, les parfums des roses endormies sous l'aile de la nuit montèrent jusqu'à moi et se mêlèrent aux rayons silencieux des étoiles. Vous exprimer quelle douceur versèrent en mon âme ces im-pressions, les dernières que la terre m'adressait, les dernières que goûtaient mes sens non encore atrophiés, serait au-dessus de mon langage. Dans mes heures de plus tendre ivresse et de plus suave bonheur, je n'ai pas ressenti cette joie immense, cette sérénité glorieuse, cette jouis-sance déjà céleste, que me donnèrent ces mi-nutes d'extase entre le souffle parfumé des fleurs et le regard si tendre des étoiles lointaines...

Et lorsque vous revîntes vers moi, je m'étais retourné vers le monde extérieur, et les mains jointes devant ma poitrine, je laissais ma vue et ma pensée prier ensemble et s'envoler dans l'espace. Et comme mes oreilles allaient bientôt se fermer pour toujours, je me souviens des dernières paroles que mes lèvres prononcèrent : « Adieu, mon vieil ami, je sens que la mort m'emporte... vers ces régions inconnues où nous nous retrouverons un jour. Quand l'aurore effacera ces étoiles, il n'y aura plus ici qu'une dépouille mortelle. Vous répéterez à ma fille, que la dernière expression de mon désir, c'est qu'elle élève ses enfants dans la contemplation des biens éternels. »

Et comme tu pleurais, et que tu demeurais à genoux devant mon lit, j'ajoutai : « Récite la belle prière de Jésus. » Et tu commenças à dire de ta voix tremblante le *Notre Père*...

« ... Pardonnez-nous.. nos.. offenses.. comme nous.. pardonnons.. à.. ceux.. qui.. nous.. ont.. offensés... »

Telles sont les dernières pensées qui arrivèrent à mon âme par l'intermédiaire des sens. Ma vue se troubla en regardant l'étoile de Capella, et je

ne sais rien de ce qui suivit immédiatement cet
instant.

Les années, les jours et les heures sont constitués par les mouvements de la Terre. En dehors
de ces mouvements, le temps terrestre n'*existe
plus* dans l'espace : il est donc absolument impossible d'avoir notion de ce temps. Je pense néanmoins que c'est le jour même de ma mort qu'arriva l'événement que je vais vous décrire. Car,
comme vous vous en apercevrez tout à l'heure,
mon corps n'était pas encore enseveli lorsque
cette vision fut offerte à mon âme.

Né en 93, j'étais dans ma soixante-douzième
année, et je ne fus pas médiocrement surpris de
me sentir animé d'un feu et d'une agilité d'esprit
non moins ardents qu'aux plus beaux jours de
mon adolescence. Je n'avais pas de corps, et cependant je n'étais pas incorporel, car je sentais et
je voyais qu'une substance me constituait; toutefois, il n'y a aucune analogie entre cette substance
et celles qui forment les corps terrestres. Je ne sais
comment je traversai les espaces célestes, et par
quelle force je me trouvai bientôt approchant d'un
magnifique soleil blanc, dont la splendeur ne m'é-
blouissait pourtant pas, et entouré, comme il me le

parut à distance, d'un grand nombre de mondes enveloppés chacun d'un ou plusieurs anneaux. Par cette même force inconsciente je me trouvai vers l'un de ces anneaux, spectateur d'indéfinissables phénomènes de lumière, car l'espace étoilé était comme traversé par des ponts d'arcs-en-ciel. Je ne voyais plus le blanc soleil, et j'habitais une sorte de nuit colorée de nuances multicolores.

La vue de mon âme était d'une puissance incomparablement supérieure à celle des yeux de l'organisme terrestre que je venais de quitter; et, remarque surprenante, sa puissance me paraissait soumise à la volonté. Cette vue de l'âme est si merveilleuse que je ne m'arrêterai pas aujourd'hui à la décrire. Qu'il me suffise de vous faire pressentir qu'au lieu de voir simplement les étoiles dans le ciel, comme vous les voyez de la Terre, je distinguais clairement les mondes qui gravitent alentour; et, remarque bizarre, lorsque je désirais ne plus voir l'étoile afin de n'en être pas gêné pour l'examen de ces mondes, elle disparaissait de ma vision et me laissait en d'excellentes conditions d'observer l'un de ces mondes[1]. De plus,

1. L'anatomie physiologique transcendante expliquerait peut-être ce fait, en proposant d'admettre que le *punctum cæcum* se déplace pour masquer l'objet que l'on ne veut plus voir.

lorsque ma vue se concentrait sur un monde particulier, j'arrivais à distinguer les détails de sa surface, les continents et les mers, les nuages et les fleuves, et quoiqu'il ne me parût pas grossir visiblement à mes yeux comme lorsqu'on se sert du télescope, je parvenais, par une intensité particulière de concentration dans la vue de mon âme, à voir l'objet sur lequel elle se concentrait, comme par exemple une ville, une campagne. Et lorsque je continuais de regarder en me bornant à ce seul point, les particularités devenaient visibles, et je voyais les édifices, les rues et les maisons, les arbres, les jardins et les sentiers, aussi distinctement que si je m'étais trouvé en ballon, à une faible distance au-dessus de ces lieux. Enfin, par le même procédé et en vertu de la même faculté, en appliquant toujours mon attention au même objet, je reconnaissais même les habitants et je suivais les personnes dans les rues et dans leurs habitations. Il me suffisait pour cela de borner ma pensée au quartier, à la maison, ou à l'individu que je voulais observer.

Quærens. — Mais, mon ami (excusez ma remarque peut-être naïve), est-ce qu'à cette grande distance les mondes ou les planètes qui circulent autour de chaque étoile ne se confondent pas dans cette étoile même? Par exemple, est-ce qu'à la distance où vous vous trouviez alors, les planètes de notre système ne sont pas confondues dans notre étoile, dans notre soleil? est-ce que vous auriez pu distinguer la Terre?

Lumen. — Vous avez saisi de prime-abord la seule objection géométrique qui paraisse contrarier l'observation précédente. En effet, à une certaine distance, les planètes sont absorbées dans le rayonnement de leur soleil, et nos yeux terrestres auraient peine à les distinguer. Vous savez que, dès Saturne, on ne distingue déjà presque plus la Terre. Mais il importe de réfléchir que ces difficultés dépendent autant de l'imperfection de notre vue que de la loi géométrique de la décroissance des surfaces. Or, dans le monde à bord duquel je venais d'arriver, les êtres, non incarnés dans une enveloppe grossière comme ici-bas, mais libres et doués de facultés d'aperception élevées à un éminent degré de puissance, peuvent, comme je vous l'ai dit, *isoler* la source éclairante de l'objet éclairé, et, de plus, apercevoir distinctement des détails qui, à cet éloignement, seraient absolument dérobés aux yeux des organismes terrestres.

Quærens. — Est-ce qu'ils se servent pour

cela d'instruments supérieurs à nos télescopes?

Lumen. — Si, pour être moins rebelle à l'admission de cette merveilleuse faculté, il vous est plus facile de les concevoir munis d'instruments, vous le pouvez par théorie. Il vous est loisible d'imaginer des lunettes qui, par une succession de lentilles et un arrangement de diaphragmes rapprochent successivement les mondes et isolent de la vue le foyer illuminateur pour laisser à l'observation le seul monde de son étude. Mais je dois vous avertir que ces sortes d'instruments ne sont pas extérieurs à ces êtres et qu'ils appartiennent à l'organisation même de leur vue. Il est bien entendu que cette construction optique et cette puissance de vue sont naturelles en ces mondes, et non pas surnaturelles. Pensez un peu aux insectes qui jouissent de la propriété de raccourcir ou d'allonger leurs yeux comme les tubes d'une lunette, d'enfler ou d'aplatir leur cristallin pour en faire une loupe de différents degrés, ou encore de concentrer au même foyer une multitude d'yeux braqués comme autant de microscopes pour saisir l'infiniment petit, et vous pourrez plus légitimement admettre la faculté de ces êtres ultra-terrestres.

Quærens. — Sans pouvoir me la figurer, puisqu'elle réside en dehors de mon expérience, je conçois cette possibilité. Ainsi vous pouviez voir la Terre, et distinguer même de là-haut les villes et les villages de notre bas-monde.

LUMEN. — Laissez - moi poursuivre. J'arrivai donc sur l'anneau mentionné plus haut, dont la largeur est assez vaste pour que deux cents terres comme la vôtre pussent y rouler de front ; et je me trouvai sur une montagne couronnée de palais végétaux. Du moins il me sembla que ces châteaux féeriques croissaient naturellement, ou n'étaient que le résultat d'un facile arrangement de branches et de hautes fleurs. C'était une ville assez populeuse. Sur le sommet de la montagne où j'abordai, je remarquai un groupe de vieillards au nombre de vingt-cinq ou trente, qui regardaient avec l'attention la plus obstinée et la plus inquiète une belle étoile de la constellation australe de l'Autel, sur les confins de la Voie lactée. Ils ne remarquèrent pas mon arrivée au milieu d'eux, tant leur multiple attention était exclusivement appliquée à l'examen de cette étoile, ou d'un monde de son système.

Quant à moi, je ne fus pas médiocrement étonné de les entendre parler de la Terre ; oui, de la Terre, en cette langue universelle de l'esprit que tous les êtres comprennent, depuis le séraphin jusqu'aux arbres des forêts. Et non-seulement ils s'entretenaient de la Terre, mais encore de la France. « Pourquoi ces massacres réguliers? se disaient-ils entre eux. Ont-ils donc organisé une loi de mort, ces êtres altérés de sang humain; et que signifient ces échafauds dressés chaque matin, où viennent tour à tour tomber les têtes des hommes et des femmes, des enfants et des vieillards? La guerre civile va-t-elle donc décimer ce peuple jusqu'au dernier de ses défenseurs, et laver de flots de sang les rues de cette capitale naguère si riante et si pompeusement parée. »

Je ne comprenais rien à ce langage, moi qui venais de la Terre avec une vitesse rapide comme la pensée, et qui, hier encore, avais respiré au sein d'une capitale tranquille et pacifique. Je me réunis à leur groupe et je fixai comme eux mes regards sur la belle étoile. Bientôt, en écoutant leur conversation et en cherchant avidement à distinguer les choses extraordinaires dont ils parlaient, je vis à gauche de l'étoile une sphère bleu-pâle : c'était la Terre. Vous n'ignorez pas, mon ami, que, malgré le paradoxe apparent, la Terre est véritablement un astre du ciel, comme je vous

le rappelais il n'y a qu'un instant. De loin, de
l'une des étoiles voisines de votre système, ce
système apparaît à la vue spirituelle dont je parlais, comme une famille d'astres, composée de
huit mondes principaux serrés autour du Soleil
devenu étoile. Jupiter et Saturne frappent d'abord
l'attention, à cause de leur grosseur; puis, on ne
tarde pas à remarquer Uranus et Neptune, ensuite,
tout près du Soleil-étoile, Mars et la Terre. Vénus
est très-difficile à apercevoir, et Mercure reste
invisible à cause de sa proximité par trop grande
du Soleil. Tel est le système planétaire dans le
ciel.

Mon attention s'attacha exclusivement à la
petite sphère terrestre, à côté de laquelle je reconnus la Lune. Bientôt je remarquai les neiges
blanches du pôle boréal, le triangle jaune de
l'Afrique, les contours de l'océan, et comme mon
attention était uniquement fixée sur notre planète,
le Soleil-étoile s'éclipsa de ma vision. Puis, successivement, peu à peu, je parvins à distinguer
dans la sphère, au milieu des régions azurées,
une sorte de découpure bistre, et, en poursuivant
mon investigation, à découvrir une ville au sein
de cette découpure. Je n'eus pas de peine à reconnaître que la découpure continentale était la

France et que la ville était Paris. Le premier
signe auquel je reconnus la capitale fut le ruban
argenté de la Seine, qui décrit coquettement
tant de circonvolutions sinueuses à l'ouest de la
grande ville. Je reconnus aussi l'île de la Cité. La
nef et les tours Notre-Dame que je voyais par en
haut formaient bien une croix latine à la pointe
orientale de la Cité ; les boulevards étendaient leur
ceinture au nord. Au sud, je reconnus le jardin
du Luxembourg et l'Observatoire. La coupole du
Panthéon coiffait d'un point gris la montagne
Sainte-Geneviève. A l'ouest, la grande avenue des
Champs-Élysées dessinait sa ligne droite; on distinguait plus loin le bois de Boulogne, les environ-
rons de Saint-Cloud, les bois de Meudon, Sèvres,
Ville-d'Avray et Montretout. Cette scène était éclai-
rée par un splendide soleil; mais, spectacle étonnant, les collines étaient couvertes de neige,
comme au mois de janvier, tandis que j'avais
quitté les paysages d'octobre entièrement verts.
J'eus bientôt la certitude que c'était bien Paris
que ma vue avait atteint; mais comme je ne comprenais pas davantage les exclamations de mes
voisins, je fis mes efforts pour chercher à mieux
distinguer encore les détails.

Ma vue se reposa de préférence sur l'Observa-

toire; c'était mon quartier favori, et depuis quarante ans je l'avais à peine quitté quelques mois.
Or jugez quelle fut ma surprise, lorsque ma vue
s'étant faite plus complétement au tableau, je
m'aperçus qu'il n'y avait plus d'avenue entre le
Luxembourg et l'Observatoire, et que cette magnifique allée de marronniers avait fait place à de
petits jardins. Mes rancunes d'artiste contre les
empiétements de l'édilité parisienne se réveillè-
rent, mais elles furent rapidement suspendues par
des préoccupations plus fortes. Un couvent dormait
au beau milieu du verger! Le boulevard Saint-
-Michel n'existait pas non plus, ni la rue de Médicis;
c'était un amalgame de petites rues, et il me sembla reconnaître l'ancienne rue de l'Est, la place
Saint-Michel, où jadis une antique fontaine donnait l'eau aux habitants du faubourg, et une série
de ruelles que j'avais vues anciennement. L'Observatoire lui-même était dépouillé de ses coupoles;
les deux ailes latérales avaient également disparu.
Peu à peu, en continuant mon investigation, je
vis qu'au détail Paris avait infiniment changé.
L'Arc de triomphe de l'Étoile n'existait pas, ni
une seule des avenues brillantes qui y viennent
aboutir. Le boulevard de Sébastopol n'existait pas
davantage, ni la gare de l'Est, ni aucune des au-

tres gares, ni aucune ligne de chemins de fer !
La tour Saint-Jacques était enfermée dans une
cour de vieilles maisons, et la colonne de la Vic-
toire s'était rapprochée d'elle. La colonne de la
Bastille était pareillement absente, car j'aurais
facilement reconnu le génie au reflet du soleil. La
colonne Vendôme me parut remplacée par une
statue équestre. La rue Castiglione était un vieux
couvent vert. La rue de Rivoli avait disparu. Le
Louvre n'était pas achevé ou démoli. Entre la
cour de François Ier et les Tuileries, on voyait des
masures entassées avec des loques pendant aux
mansardes. Sur la place de la Concorde, il n'y
avait pas le moindre obélisque, mais une foule
remuante que je ne distinguai pas d'abord ; la
Madeleine ni la rue Royale n'étaient visibles. Il
y avait une petite île derrière l'île Saint-Louis. Les
boulevards extérieurs n'étaient autres que l'ancien
mur de ronde, et les fortifications avaient refermé
leur ceinture. Enfin, tout en reconnaissant la capitale de France par les édifices qui lui restaient et
quelques quartiers non transformés, je ne savais
que penser d'une métamorphose si merveilleuse
qui, du jour au lendemain, avait radicalement
changé l'aspect de la vieille ville.

Il me vint d'abord à l'esprit qu'au lieu de

mettre très-peu de temps à venir de la Terre, j'avais sans doute été plusieurs années, et peut-être même plusieurs siècles, en route. Comme la notion du temps est essentiellement relative, et que la mesure de la durée n'a rien de réel ni d'absolu, une fois séparé du globe terrestre, j'avais perdu par là même toute mesure fixe, et je me disais que les années et les siècles même auraient pu passer devant moi sans que je m'en aperçusse, car l'intérêt si vif que j'avais pris à ce voyage ne m'avait pas fait trouver le temps long, — expression vulgaire qui dénote la relativité de cette sensation dans notre âme. N'ayant aucun moyen de m'assurer du fait, j'aurais sans doute fini par croire que plusieurs siècles me séparaient déjà de la vie terrestre et que j'avais sous les yeux le Paris du vingtième ou du vingt-unième siècle, si je n'avais approfondi davantage l'examen de mon tableau.

En effet, je m'identifiai successivement à l'aspect de la ville, et j'arrivai par gradation à retrouver des emplacements, des rues et des édifices que j'avais connus dans mon jeune âge. L'Hôtel de ville m'apparut tout pavoisé, et le château des Tuileries me présenta son dôme carré central. Un petit détail acheva ma reconnaissance, lorsqu'au

milieu du jardin d'un ancien couvent de la rue
Saint-Jacques, je remarquai un pavillon dont la
vue me fit tressaillir. C'est là que j'avais rencontré, dès mon adolescence, la femme qui m'aima
d'un si profond amour; mon Eivlys si tendre et
si dévouée, qui abandonna tout pour se livrer à
ma destinée. Je revis la petite coupole de la terrasse, devant laquelle nous aimions à rêver le
soir, et à étudier les constellations. Oh! comme je
saluai avec joie ces promenades où nous avions
marché, accordant nos pas l'un sur l'autre, ces
avenues sous lesquelles nous fuyions les regards
indiscrets du monde jaloux. Je regardai ce pavillon que je reconnus tel qu'il était alors, et vous
devinez que cette vue suffit à elle seule pour compléter mes indications et me convaincre, d'une
conviction invincible et inébranlable, que loin
d'avoir sous les yeux, comme il était si naturel de
le penser, le Paris *d'après ma mort*, j'avais le
Paris *disparu!* le vieux Paris du commencement
du siècle ou de la fin du siècle dernier.

Vous vous figurez facilement, néanmoins, que,
malgré l'évidence, je ne pouvais en croire mes
yeux. Il me paraissait plus naturel d'admettre que
Paris avait tellement vieilli, avait subi de telles
transformations depuis mon départ de la Terre

(intervalle dont la durée m'était absolument inconnue), que j'avais sous les yeux la ville de
l'avenir, si je puis exprimer par cette figure un
fait qui aurait été présent pour moi. Je continuai
donc attentivement mon observation pour constater si décidément c'était bien *l'ancien* Paris,
en partie démoli aujourd'hui, que j'avais sous les
yeux, ou si, par un phénomène non moins in-
croyable, c'était un autre Paris, une autre France,
une autre terre.

Quærens. — Quelle situation extraordinaire pour votre esprit analysateur, ô Lumen ! Par quel moyen vous fut-il possible d'arriver à reconnaître la réalité ?

Lumen. — Les vieillards de la montagne avaient continué leurs conversations, pendant que les réflexions précédentes s'étaient succédé dans mon esprit. Tout à coup, j'entendis le plus ancien, esprit vénérable dont la tête nestorienne commandait à la fois l'admiration et le respect, s'écrier d'une voix tristement retentissante :

« A genoux ! mes frères, demandons l'indulgence au Dieu universel. Cette terre, cette nation, cette cité, s'est souillée d'un grand crime : la tête d'un roi innocent vient de tomber ! »

Ses compagnons parurent le comprendre, car ils s'agenouillèrent sur la montagne, et prosternèrent leurs blancs visages contre le sol.

Pour moi, qui n'étais pas encore parvenu à distinguer les hommes au milieu des rues et des places publiques, et qui n'avais pas suivi l'observation particulière de ces vieillards, je restai debout et poursuivis avec plus d'instance mon examen.

« Étranger, me dit le vieillard, blâmez-vous l'action unanime de vos frères, puisque vous n'unissez point votre prière à la leur? »

— Sénateur, lui répondis-je, je ne puis blâmer ni approuver ce que je ne comprends pas. Arrivé sur cette montagne depuis peu, je ne connais pas la cause de votre religieuse imprécation.

Alors je m'approchai de l'ancien, et tandis que ses compagnons s'étaient relevés et s'entretenaient par groupes, je lui demandai de me faire le récit de ses observations.

Il m'apprit que, par l'intuition dont sont doués les esprits du degré de ceux qui habitent ce monde et par la faculté intime d'aperception qu'ils ont reçue en partage, ils possèdent une sorte de relation magnétique avec les étoiles avoisinantes. Ces étoiles sont au nombre de douze ou quinze: ce sont les plus rapprochées; hors de cette région l'aperception devient confuse. Notre soleil est l'une de ces étoiles voisines. Ils connaissent donc vaguement, mais sensiblement, l'état des humanités qui habitent les planètes dépendantes de ce soleil, et leur degré relatif d'élévation intellectuelle ou morale.

De plus, lorsqu'une grande perturbation traverse l'une de ces humanités, soit dans l'ordre physique soit dans l'ordre moral, ils en subissent une sorte de commotion intime, comme on voit une corde vibrante faire entrer en vibration une autre corde située à distance.

Depuis un an (l'année de ce monde est égale à dix des nôtres), ils s'étaient sentis attirés par une émotion particulière vers la planète terrestre; et les observateurs avaient suivi avec intérêt et inquiétude la marche de ce monde. Ils avaient assisté à la fin d'un règne, à l'aurore d'une liberté resplendissante, à la conquête des droits de l'homme, à l'affirmation des grands principes de la dignité humaine. Puis ils avaient vu ces lumières s'affaiblir, les passions mises en liberté se porter à leur excès déplorable, le ciel se couvrir de nuages et l'orage s'annoncer par des signes avant-coureurs. Je compris qu'il s'agissait de la grande révolution de 89, et de la chute de l'ancien monde politique devant le nouveau. Depuis quelque temps surtout ils avaient douloureusement suivi les œuvres de la Terreur et la tyrannie des buveurs de sang. Ils craignaient pour les jours de la terre et doutaient désormais du progrès de cette humanité émancipée. Quelques-uns cependant avaient émis l'espérance qu'un homme supérieur viendrait mettre un frein à l'anarchie, combattre un instant la liberté elle-même, dominer le monde par la force et laisser ensuite la liberté reprendre les rênes du char.

Je me gardai bien de faire connaître au sénateur que j'arrivais de la Terre moi-même, et que je l'avais habitée pendant soixante-douze ans. Je ne sais s'il en eût quelque intuition ; mais j'étais moi-même si étrangement surpris de cette vision, que mon esprit était tout entier à elle et ne songeait plus à ma personne. Ma vue s'était enfin assimilée au spectacle observé, et je distinguai au milieu de la place de la Concorde un échafaud entouré d'un formidable appareil de guerre. Une charette menée par un homme rouge emportait les restes de Louis XVI ; de nobles têtes venaient d'être tranchées, et des tombereaux renfermant les corps palpitants se dirigeaient du côté du faubourg Saint-Honoré. Une populace ivre montrait le poing au ciel. Des cavaliers se suivaient lugubrement, le sabre au poing. On voyait vers les Champs-Ély-sées des fossés dans lesquels tombaient les piétons. Les arbres irréguliers étaient sans feuilles, et c'était plutôt un deuil qu'une mort. Des sans-culottes, grimpés jusqu'aux cimes, agitaient leurs bonnets, et dans les rues lointaines c'est à peine si de rares passants osaient affronter ces solitudes.

Je n'avais pas assisté à l'événement de 93, puisque cette année était celle de ma naissance, et j'éprouvais un indicible intérêt à me trouver témoin de cette scène, dont les historiens m'avaient entretenu. Mais, quelque immense que fût cet intérêt, vous concevrez qu'il était dominé par un sentiment plus puissant encore : *celui de me savoir à la fin de l'année 1864, et de voir présentement devant moi un fait accompli à la fin du siècle dernier.*

Quærens. — Il me semble, en effet, que ce sentiment d'impossibilité devait singulièrement tempérer votre contemplation. Car enfin, c'est là une vision que nous sentons radicalement illusoire, et dont nous ne pouvons admettre la réalité, même en la voyant.

Lumen. — Oui mon ami, impossible. Or, comprenez-vous dans quel état je me trouvais, en voyant de mes propres yeux ce paradoxe réalisé ? Une expression populaire dit que parfois « on ne

peut en croire ses yeux : » c'était bien là ma position. Impossible de nier ce que je voyais ; impossible de l'admettre.

QUÆRENS. — Mais n'était-ce pas une conception
de votre esprit, une création de votre imagination,
une réminiscence de votre souvenir? Avez-vous
acquis la certitude que c'était là une réalité, et non
pas un reflet bizarre de la mémoire?

LUMEN. — C'est la première réflexion qui me
vint à l'esprit. Mais il m'était si évident que j'a-
vais sous les yeux le Paris de 93 et l'événement
du 21 janvier, que je ne pus en douter longtemps. Et d'ailleurs cette explication était d'a-
vance renversée par ce fait que les vieillards de
la montagne m'avaient précédé dans cette observation, qu'ils voyaient, analysaient et se commu-
niquaient l'action présente, sans connaître en
aucune façon l'histoire de la Terre, ni savoir que
je connaissais cette histoire. D'ailleurs nous avions
sous les yeux *un fait présent*, et non pas un fait
passé.

QUÆRENS. — Mais alors, si le passé peut se fondre
ainsi dans le présent, si la réalité et la vision se
marient de la sorte, si des personnages morts depuis longtemps peuvent encore être vus jouant
sur la scène; si les constructions nouvelles et les

métamorphoses d'une ville comme Paris peuvent disparaître et laisser voir à leur place la cité d'autrefois; si enfin le présent peut s'évanouir pour la résurrection du passé; sur quelle certitude pouvons-nous désormais nous confier? Que devient la science de l'observation? que deviennent les déductions et les théories? sur quoi sont fondées nos connaissances qui nous paraissent le plus solides? et si ces choses sont vraies, ne devons-nous pas désormais douter de tout ou croire à tout?

Lumen. —Ces considérations et bien d'autres, mon ami, m'ont absorbé et tourmenté; mais elles n'ont pas empêché d'être la réalité que j'observais. Lorsque j'eus acquis la certitude que nous avions *présente* sous les yeux l'année 1793, je songeai de suite que la science elle-même, au lieu de combattre cette réalité (car deux vérités ne peuvent être opposées l'une à l'autre) devait m'en donner l'explication. J'interrogeai donc la physique, et j'attendis sa réponse.

Quærens. — Comment? Le fait serait réel?

Lumen. —Non-seulement réel, mais compréhensible et démontrable. Vous allez en recevoir l'explication astronomique.

J'examinai d'abord la position de la Terre dans

la constellation de l'Autel, dont je vous ai parlé.
En m'orientant relativement à l'étoile polaire et
au zodiaque, je remarquai que les constellations
n'étaient pas très-différentes de celles que l'on voit
de la Terre, et qu'à part quelques étoiles particulières, leur position était sensiblement la même.
Orion régnait encore à l'ex-équateur terrestre; la
Grande Ourse, arrêtée dans sa course circulaire,
rappelait encore le nord. En me reportant aux
coordonnées des mouvements apparents, suspendus désormais, je déterminai alors que le point
où je voyais le groupe du Soleil, de la Terre et
des planètes, devait marquer la dix-septième heure
d'ascension droite, c'est-à-dire le 256ᵉ degré, ou
à peu près. (Je n'avais pas d'instrument pour
prendre une exacte mesure.) J'observai en second lieu qu'elle se trouvait vers le 44ᵉ degré de
distance du pôle sud. Ces recherches avaient pour
but de me faire connaître l'étoile sur laquelle j'é-
tais maintenant. Elles me firent arriver à cette
conclusion que je devais être sur un astre situé
vers le 76ᵉ degré d'ascension droite et vers le 46ᵉ
degré de déclinaison boréale. Je savais d'un autre
côté, par les paroles du vieillard, que l'astre où
nous nous trouvions n'était pas très-éloigné de
notre soleil, puisque celui-ci comptait parmi les

astres voisins. A l'aide de ces données, je pus facilement chercher dans mon souvenir quelle étoile s'accordait avec les positions déterminées. Une seule y répondait, c'était l'étoile de première grandeur alpha du Cocher, nommée aussi *Capella* ou *la Chèvre.* Il n'y avait pas la moindre incertitude sur ce point.

Ainsi j'étais alors certainement sur un monde dépendant du système de cette étoile. De là, en effet, le Soleil fait l'effet d'une simple étoile, qui, par suite du voyage, est allée se placer en perspective devant et dans la constellation de l'Autel, située juste à l'opposé de celle du Cocher pour un habitant de la Terre.

Dès lors je cherchai à me souvenir quelle était la parallaxe de cette étoile. Je me rappelai de suite qu'un astronome russe de mes amis l'avait calculée, et que son calcul ayant été confirmé, cette parallaxe était reconnue de $0'',046$. — J'avançais rapidement vers la solution du mystère, et mon cœur battait de joie.

Tout géomètre sait que la parallaxe indique mathématiquement la distance, en unités, de la grandeur employée. J'allais donc me souvenir exactement de la distance qui sépare cette étoile de la Terre, et même au besoin pouvoir la calculer : il suffisait pour cela de chercher quel nombre correspond à $0'',046$ [1].

Exprimé en millions de lieues, ce nombre est de 170,392,000. Ainsi de l'astre sur lequel je me trouvais, pour aller à la Terre, il y a une distance de 170 trillions, 392 milliards de lieues.

Le principal était fait, et le problème était aux trois quarts résolu. Or, voici maintenant le point capital, celui sur lequel j'appelle votre attention spéciale, car en lui réside maintenant l'explication de la plus étrange des réalités.

Vous savez que la lumière ne franchit pas instantanément la distance d'un lieu à un autre, mais successivement. Vous n'êtes pas sans avoir remarqué qu'en jetant une pierre dans une pièce d'eau tranquille, une série d'ondulations se succèdent autour du point où la pierre est tombée. Ainsi

---

1. Nul n'ignore que plus un objet est éloigné, plus il paraît petit. Un objet, qui n'est vu que sous un angle d'une seconde, est éloigné de 206,265 fois sa grandeur, quelle qu'elle soit; car il y a 1,296,000 secondes dans une circonférence; le rapport de la circonférence au diamètre est de 3,14159, et $\frac{1,296,000}{3,14159 \times 2} = 206,265$. L'étoile Capella ne voyant le demi-diamètre de l'orbite terrestre que sous un angle 22 fois plus petit, sa distance est 22 fois plus grande : elle est par conséquent de 4,484,000 fois le rayon de l'orbite terrestre.

se comporte le son dans l'air lorsqu'il passe d'un point à un autre. Ainsi se comporte la lumière dans l'espace : elle se transmet de proche en proche, par ondulations successives.

La lumière d'une étoile emploie donc un certain temps pour arriver à la Terre, et ce temps dépend naturellement de la distance qui sépare l'étoile de la Terre.

Le son parcourt 340 mètres par seconde. Un coup de canon est entendu au moment même où il part par les artilleurs qui sont voisins de la pièce, une seconde après par ceux qui sont éloignés à 340 mètres, 3 secondes après par ceux qui sont à 1 kilomètre; il y a 12 secondes de retard pour ceux qui sont éloignés à une lieue, 2 minutes pour ceux qui sont à dix lieues, 3 minutes pour ceux qui, habitant à 25 lieues de distance, entendent encore ce tonnerre des hommes.

La lumière se transmet avec une vitesse beaucoup plus grande, mais non pas instantanée, comme le croyaient les anciens. Elle parcourt 77,000 lieues par seconde, et ferait 8 fois le tour du globe en une seconde, si elle pouvait tourner. Elle emploie 1 seconde 1/4 pour venir de la Lune à la Terre; 8 minutes 13 secondes pour venir du Soleil; 52 minutes pour venir de Jupiter; 2 heures pour venir d'Uranus; 3 heures pour venir de Neptune. Nous voyons donc les corps célestes, non précisément tels qu'ils sont au moment même où nous les observons, mais tels qu'ils étaient au moment où est parti le rayon lumineux qui nous en arrive. Si un volcan, par exemple, se mettait en ignition sur les mondes que je viens de nommer, nous ne le verrions jeter ses flammes qu'une seconde 1/4 après l'événement, s'il s'agissait de la Lune, 52 minutes après si c'était sur Jupiter, 2 heures si c'était sur Uranus, et 3 heures si c'était sur Neptune.

Si nous nous transportons au delà du système planétaire, les distances sont incomparablement plus vastes, et le retard de la lumière beaucoup plus grand. Ainsi le rayon lumineux, parti de l'étoile la plus rapprochée de nous, alpha du Centaure, emploie 3 ans et 8 mois à venir; celui qui vient de Sirius emploie 22 ans pour traverser l'abîme qui nous sépare de ce soleil.

L'étoile Capella étant éloignée de la Terre de la distance mentionnée plus haut, il est facile de calculer, à raison de 77,000 lieues par seconde, combien de temps il faut à la lumière pour franchir cet intervalle. Le calcul fait donne 71 ans, 8 mois et 24 jours. Le rayon lumineux qui part de

Capella pour venir à la Terre, ne lui arrive donc qu'après une marche non interrompue de 71 ans, 8 mois et 24 jours.

Semblablement, le rayon lumineux qui part de la Terre pour aller à l'étoile n'arrive à celle-ci qu'après le même temps.

QUÆRENS.—Si le rayon lumineux qui nous vient de cette étoile emploie près de 72 ans à nous parvenir, il nous apporte donc la clarté de cet astre telle qu'elle était, il y a près de 72 ans, au moment de son point de départ?

LUMEN. — Vous l'avez parfaitement compris. Et c'est précisément là le fait qu'il importe de bien saisir.

QUÆRENS. — Ainsi, en d'autres termes, le rayon lumineux est comme un courrier qui nous apporte des nouvelles de l'état du pays qui l'envoie, et qui, s'il met près de 72 ans à nous parvenir, nous donne l'état de ce pays au moment de son départ, c'est-à-dire près de 72 ans avant le moment où il nous arrive.

LUMEN. — Vous avez deviné le mystère. Votre comparaison me montre que vous avez levé le coin du voile. Pour parler plus exactement encore, le rayon lumineux serait un courrier qui nous apporterait, non pas des nouvelles écrites, mais la photographie, ou plus rigoureusement encore l'*aspect lui-même* du pays d'où il est sorti. Nous voyons cet aspect, tel qu'il était au moment où les rayons lumineux que chacun de ses points nous envoie et par lesquels il se fait connaître à nous — au moment, dis-je, où ces rayons lumineux sont partis. Rien n'est plus simple, plus incontestable. Lors donc que nous examinons au télescope la surface d'un astre, nous ne voyons pas cette surface telle qu'elle est au moment même où nous l'observons, mais telle qu'elle était au moment où la lumière qui nous en arrive fut émise par cette surface.

Quærens. — De sorte que si une étoile dont la lumière met, je suppose, dix ans à nous parvenir, était subitement anéantie aujourd'hui, nous la verrions encore pendant dix ans ; puisque son dernier rayon ne nous arriverait que dans dix ans ?

Lumen. — C'est précisément cela. En un mot, les rayons de lumière que les étoiles nous envoient, ne nous arrivant pas instantanément, mais employant un certain temps à franchir la distance qui nous en sépare, ne nous montrent pas ces étoiles telles qu'elles sont maintenant, mais telles qu'elles étaient au moment où sont partis ces rayons de lumière qui nous transmettent leur aspect.

Il y a donc là une surprenante *transformation du passé en présent*. Pour l'astre observé, c'est le passé, déjà disparu; pour l'observateur, c'est le présent, l'actuel. Le passé de l'astre est rigoureusement et positivement le présent de l'observateur. Comme l'aspect des mondes change d'une année à l'autre, d'une saison à l'autre et presque du jour au lendemain, on peut se représenter cet aspect comme s'échappant dans l'espace et s'avançant dans l'infini pour se révéler aux yeux des lointains contemplateurs. Chaque aspect est suivi par un autre, et ainsi successivement; et c'est comme une série d'ondulations, qui portent au loin le passé des mondes, devenu présent pour les observateurs échelonnés sur son passage! Ce que nous croyons voir présentement dans les astres est déjà passé; et ce qui s'y accomplit actuellement, nous ne le voyons pas encore.

Identifiez-vous, mon ami, à cette représentation d'un fait réel, car il vous importe de bien vous figurer cette marche successive de la lumière, et de comprendre dans sa vraie nature cette vérité incontestable : l'aspect des choses nous étant apporté par la lumière nous montre

3.

ces choses, non telles qu'elles sont présentement, mais telles qu'elles étaient antérieurement, selon l'intervalle de temps nécessaire pour que leur clarté parcoure la distance qui nous sépare de ces choses.

Nous ne voyons aucun des astres tel qu'il est, mais tel qu'il était au moment où est parti le rayon lumineux qui nous en arrive. *Ce n'est pas l'état actuel du ciel qui est visible, mais son histoire passée.* Il y a même tels et tels astres qui n'existent plus depuis dix mille ans, et que nous voyons encore, parce que le rayon qui nous en arrive est parti longtemps avant leur destruction. Telle étoile double dont vous cherchez avec mille soins et bien des fatigues à déterminer la nature et les mouvements, n'existe plus depuis qu'il y a des astronomes sur la Terre. Si le ciel visible était anéanti aujourd'hui, on le verrait encore demain, et encore l'année prochaine, et encore pendant cent ans, mille ans, cinquante et cent mille ans, et davantage, à l'exception seulement des étoiles les plus rapprochées, qui s'éteindraient successivement lorsque serait écoulé le temps nécessaire aux rayons lumineux qui en émanent pour franchir la distance qui vous en sépare : α du Centaure s'éteindrait la première, dans trois ans et huit mois ; Sirius dans vingt-deux ans, etc.

Il vous est facile maintenant, mon ami, d'appliquer la théorie scientifique à l'explication de l'étrange fait dont j'ai été témoin. Si, de la Terre, on voit l'étoile Capella, non telle qu'elle est au moment où on l'observe, mais telle qu'elle était 72 ans auparavant, de même, de Capella, on ne voit la Terre qu'avec un retard de 72 ans. La lumière emploie le même temps pour accomplir le même trajet.

QUÆRENS. — Maître, j'ai attentivement suivi vos explications. Mais la Terre brille-t-elle donc de loin comme une étoile? Cependant elle n'est pas lumineuse?

LUMEN. — Elle réfléchit dans l'espace la lumière qu'elle reçoit du Soleil. Plus la distance est grande, et plus elle ressemble à une étoile, toute la lumière répandue par le Soleil sur sa surface de trois mille lieues de large se condensant en un disque de plus en plus petit. Ainsi, vue de la Lune, elle paraît aussi brillante que la pleine Lune, et quatorze fois plus large. Vue de la planète Vénus, elle paraît aussi brillante que Jupiter vous paraît de la Terre. Vue de la planète Mars, elle est l'étoile du matin et du soir, offrant des phases comme Vénus vous en présente. Ainsi, quoiqu'elle ne soit pas lumineuse par elle-même, elle brille de loin, comme la Lune, comme les planètes, par la lumière qu'elle reçoit du Soleil, et qu'elle réfléchit dans l'espace. Or, de même que les événements de Neptune ont un retard de trois heures, vus de la Terre, de même ceux de la Terre ont le même retard vus de l'orbite de Neptune. Ainsi, de Capella, la Terre est vue avec 72 ans de retard.

QUÆRENS. — Quelque étranges et nouvelles que soient ces vues pour moi, je comprends parfaitement maintenant comment, vous trouvant sur l'étoile Capella, vous ne voyiez pas la Terre telle qu'elle était en octobre 1864, date de votre mort, mais telle qu'elle était en janvier 1793, puisque la lumière met soixante-onze ans et huit mois à traverser l'abîme qui sépare la Terre de cette étoile. Et je comprends avec la même lucidité, que ce n'était là ni une vision, ni un phénomène de mémoire, ni un acte merveilleux ou surnaturel; mais un fait actuel, positif, naturel et incontestable; et qu'effectivement ce qui était depuis longtemps passé pour la terre était seulement présent pour l'observateur situé à cette distance. Mais permettez-moi de vous soumettre une question incidente. Pour que, venant de la Terre, vous fussiez témoin de ce fait, il a fallu que vous franchissiez la distance de notre monde à Capella avec une vitesse plus grande que celle de la lumière elle-même ?

LUMEN. — C'est sur quoi je vous ai déjà entretenu en vous disant que j'avais cru franchir cette distance avec la vitesse de la pensée, et que dans la journée même de ma mort je me trouvai dans le système de cette étoile — que j'admirais et que j'aimais tant pendant mon séjour sur le globe terrestre.

QUÆRENS. — Ah ! maître, vraiment, tout en se l'expliquant ainsi, cette vision n'en est pas moins bien étonnante. En vérité, c'est un phénomène bien extraordinaire que celui de voir ainsi présentement le *passé présent*, de ne le voir même que sous ce mode surprenant, et de se trouver dans l'impossibilité de voir les astres tels qu'ils sont au moment où on les examine, mais tels qu'ils étaient plus ou moins de temps auparavant !

LUMEN. — L'étonnement légitime que vous éprouvez dans la contemplation de cette vérité, mon ami, n'est que le prélude, j'ose le dire, de celui qui va maintenant vous saisir. Sans doute il paraît au premier abord fort extraordinaire, qu'en s'éloignant assez loin dans l'espace on puisse de la sorte assister réellement aux événements des âges disparus et remonter le fleuve du passé. Mais ce n'est pas encore là l'étrange et positive bizarrerie que j'ai à vous communiquer, et qui va vous paraître plus imaginaire encore, si vous voulez bien écouter un peu plus loin le récit de cette journée qui suivit ma mort.

Quærens. — Parlez, je vous prie, je suis altéré de vous entendre.

III

Lumen. — Après avoir détourné mes regards
des scènes sanglantes de la place de la Révolution,
je me sentis attiré vers une habitation d'un style
déjà ancien, faisant face à Notre-Dame, et occu-
pant l'emplacement où le parvis est bâti maintenant. Devant la porte bâtarde était un groupe de
cinq personnes. Elles étaient demi-couchées sur
des bancs de bois, nu-tête et pourtant au soleil.
Comme elles se mirent bientôt à se lever et à marcher sur la place, je reconnus dans l'une d'elles
mon père, plus jeune que je ne l'ai jamais vu,
ma mère, plus jeune encore, et l'un de mes cou-
sins qui est mort la même année que mon père, il
y a environ quarante ans. Il est difficile au premier abord de reconnaître les personnes, parce
qu'au lieu de les voir de face, on ne les voit que
d'en haut et comme d'un étage supérieur. Je ne
fus pas médiocrement surpris d'une telle rencontre. Je me souvins alors avoir entendu dire dans

mon jeune âge que mes parents habitaient avant ma naissance la place Notre-Dame.

Plus profondément surpris que je ne puis dire, je sentis ma vue fatiguée, et je cessai de rien distinguer, comme si des nuages s'étaient étendus sur Paris. Je crus un instant qu'un tourbillon m'emportait. Du reste, comme vous l'avez compris, je n'avais plus la notion du temps.

Lorsque je revis distinctement les objets, je remarquai une troupe d'enfants courant sur la place du Panthéon. Ces écoliers me paraissaient sortir de classe, car ils étaient tous affublés de leurs cartons et de leurs livres, et semblaient revenir à leur maison respective en gambadant et gesticulant. Deux d'entre eux m'attirèrent spécialement, parce qu'ils semblaient échauffés par quelque dispute et commençaient à se livrer un combat particulier. Un troisième s'avança pour les séparer ; mais il reçut un coup d'épaule qui le fit rouler sur le sol... Au même instant, je vis une femme accourir vers l'enfant. C'était ma mère.

Ah ! jamais, non, jamais, dans mes soixante et douze ans d'existence terrestre, parmi toutes les péripéties, tous les étonnements, tous les coups imprévus, toutes les bizarreries dont cette existence fut semée; parmi tous les événements, toutes les surprises, tous les hasards de la vie, jamais je n'ai éprouvé pareille commotion à celle dont je fus traversé, lorsque dans cet enfant je reconnus... *moi-même !*

QUÆRENS. — Vous-même?

LUMEN. — Moi-même ! Avec mes blonds cheveux bouclés de six ans, ma collerette, brodée des mains de cette mère qui venait d'accourir, ma petite blouse bleu-ciel et mes manchettes toujours froissées. J'étais bien là, le même enfant dont vous avez vu l'image effacée sur la petite miniature de ma cheminée. Ma mère survint, me prit dans ses bras en grondant mes camarades, puis elle me ramena par la main à la maison, alors située dans l'ouverture actuelle de la rue d'Ulm. Puis je vis qu'ayant traversé la maison, nous nous trouvâmes tous deux dans un jardin avec une nombreuse compagnie.

QUÆRENS. — Maître, pardonnez-moi une réflexion critique. Je vous avoue qu'il me paraît impossible que l'on puisse se voir ainsi soi-même ! Vous ne pouvez être deux personnes. Puisque vous aviez soixante-douze ans, votre état d'enfance était passé, disparu, anéanti depuis longtemps. Vous ne pouvez voir une chose qui n'est plus. Du moins, je ne puis comprendre qu'étant vieillard vous vous voyiez vous-même à l'âge actuel de l'enfance.

Lumen. — Quelle raison vous empêche d'admettre ce point au même titre que les précédents?

Quærens. — Parce qu'on ne peut pas se voir en double, à la fois enfant et vieillard!

Lumen. — Vous ne réfléchissez pas complétement, mon ami. Vous avez assez bien compris le fait général pour l'admettre; mais vous n'avez pas suffisamment observé que ce dernier fait particulier rentre absolument dans le premier. Vous admettez que l'aspect de la Terre emploie soixante-douze ans à venir à moi, n'est-ce pas? que les événements ne m'arrivent qu'à cet intervalle de temps après leur actualité? En un mot, que je vois le monde tel qu'il était à cette époque. Vous admettez pareillement que, voyant les rues de cette époque, je vois en même temps les enfants qui couraient alors dans les rues. Ceci est-il bien admis?

Quærens. — Entièrement.

Lumen. — Eh bien! alors, puisque je vois cette troupe d'enfants, et que je faisais alors partie de cette troupe, pourquoi voulez-vous que je ne me voie pas aussi bien que je vois les autres?

Quærens. — Mais vous n'y êtes plus, dans cette troupe?

Lumen. — Encore une fois, cette troupe elle-même n'existe plus maintenant. Mais je la vois telle qu'elle existait à l'instant où est parti le rayon lumineux qui m'arrive aujourd'hui. Et puisque je distingue les quinze ou dix-huit enfants qui la composaient, il n'y pas de raison pour que l'enfant qui était moi disparaisse, parce que c'est moi qui le regarde. D'autres observateurs le verraient en compagnie de ses camarades. Pourquoi voulez-vous qu'il y ait une exception quand c'est moi qui regarde. Je les vois tous. Et je me vois avec eux.

Quærens. — Je n'avais pas entièrement saisi. Il est évident, en effet, que voyant une troupe d'enfants dont vous faites partie, vous ne pouvez manquer de vous voir vous-même aussi bien que vous voyez les autres.

Lumen. — Or, comprenez-vous dans quelle étrange surprise dut me jeter une pareille vue? Cet enfant, c'était bien moi, en chair et en os, selon l'expression vulgaire et significative. C'était moi à l'âge de six ans. Je me voyais, tout aussi bien que la compagnie du jardin me voyait en jouant avec moi. Ce n'était pas un mirage, pas une vision, pas un spectre, pas une réminiscence, pas une image ; c'était la réalité même, c'était positi-

vement ma personne, ma pensée et mon corps.
J'étais là, sous mes yeux. Si mes autres sens
eussent eu la perfection de ma vue, il me semblait que j'aurais pu me toucher, ou m'entendre.
Je sautais dans ce jardin, et je courais autour de
la pièce d'eau, que l'on avait entourée d'un ba-
lustre. Quelque temps après, mon grand-père me
prit sur ses genoux et me fit lire dans un gros
livre.

Non ! je renonce à décrire ces impressions. Je
vous laisse le soin de les éprouver en vous-même,
si vous vous êtes bien identifié avec la réalité
physique de ce fait, et je me borne à déclarer que
jamais pareille surprise ne tomba sur mon âme.

Une réflexion surtout m'étourdissait. Je me disais : cet enfant, c'est bien moi. Il est bien vivant. Il grandit et doit vivre soixante-six ans
encore. C'est réellement et incontestablement
moi-même. Et, d'un autre côté, moi qui suis ici,
âgé de soixante-douze ans terrestres, moi qui
pense et qui vois ces choses, c'est encore bien
moi, et tout aussi bien moi que cet enfant. *Me
voilà donc deux.* Là-bas sur la terre, ici dans
l'espace. Deux personnes complètes, et néanmoins bien distinctes. Des observateurs placés où
je suis pourraient voir cet enfant dans le jardin,

comme je le vois; et me voir également ici. Me
voilà deux. C'est incontestable. Mon âme est
dans cet enfant : elle est également ici; c'est
la même âme, ma seule âme; et pourtant elle
anime ces deux êtres. Quelle étrange réalité! Et
je ne puis pas dire que je me trompe, que je suis
dans l'illusion, qu'une erreur optique me séduit.
De par la nature et de par la science, je me vois
à la fois enfant et vieillard, là et ici... là, insou-
ciant et joyeux, ici pensif et ému.

QUÆRENS. — C'est étrange, en vérité !

LUMEN. — Et positif. Cherchez dans la création
entière si vous trouvez un paradoxe plus formidable que celui-là ?

Qu'ajouterai-je maintenant à mon récit? Je me
suivis ainsi, grandissant dans la vaste cité parisienne. Je me vis en 1804, entrant au collége et
faisant mes premières armes au moment où le
Premier Consul se couronnait de la dignité impériale. Je reconnus ce front dominateur et pensif
de Napoléon, un jour qu'il passait une revue au
Champ-de-Mars. Je ne me souviens pas de l'avoir
vu pendant ma vie et j'étais satisfait de le voir
passer dans mon champ actuel d'observation. En
1810, je me revis dans la promotion de l'École
polytechnique, et je m'aperçus causant au cours

avec le meilleur des camarades, François Arago. Ce jeune homme était déjà de l'Institut, et remplaçait Monge à l'École, à cause du jésuitisme de Binet, dont l'empereur s'était plaint. Je me retrouvai de la sorte au sein des brillantes années de mon adolescence, et des projets de voyage d'exploration scientifique, en compagnie d'Arago et de Humboldt, voyages que celui-ci seul se décida d'entreprendre. Puis, je m'aperçus plus tard, sous les Cent-Jours, traversant rapidement le petit bois du vieux Luxembourg, la rue de l'Est et l'allée du jardin de la rue Saint-Jacques, et voyant accourir ma bien-aimée pour me recevoir sous les lilas en fleur. Douces heures de solitude à deux, confidences du cœur, silences de l'âme, transports de l'amour, correspondances du soir, vous vous offrîtes à ma vue étonnée, non plus comme un souvenir lointain et voilé, mais dans votre actualité absolue !

J'assistai de nouveau au combat des alliés sur la colline de Montmartre, à leur descente dans la capitale, à la chute de la statue de la place Vendôme, traînée dans les rues avec des cris de joie, au camp des Anglais et des Prussiens dans les Champs-Élysées, à la dévastation du Louvre, au voyage de Gand, à la rentrée de Louis XVIII. Le drapeau de l'île d'Elbe flotta sous mes regards, et plus tard, comme je cherchais dans l'Atlantique l'île solitaire où l'aigle était enchaîné, les ailes brisées, la rotation du globe amena sous mes yeux Sainte-Hélène, où je remarquai l'empereur rêvant au pied d'un sycomore.

Ainsi passèrent les années présentement sous mon regard. Tout en suivant ma propre personne, dans mon mariage, mes entreprises, ma vie de relation, mes voyages, mes études, etc., j'assistais au développement de l'histoire contemporaine. A la restauration de Louis XVIII succéda le gouvernement éphémère de Charles X. Les journées de juillet 1830 me montrèrent leurs barricades, et non loin du trône du duc d'Orléans, je vis apparaître la colonne de la Bastille. Rapidement passèrent ces dix-huit années. Je m'aperçus au Luxembourg, à l'époque où l'on ouvrait cette magnifique avenue que j'aime tant, et qu'un décret récent menaçait encore. Je revis Arago sur l'Observatoire et la foule recueillie qui se pressait aux portes du nouvel amphithéâtre. Je reconnus la Sorbonne de Cousin et de Guizot. Puis mon cœur se serra en voyant passer l'enterrement de ma mère, femme austère et peut-être un peu trop sévère dans ses jugements, mais que j'ai toujours tant aimée, comme vous le savez. La singulière petite révolution de 48 me surprit non moins vivement que la première fois que j'en fus témoin. Je reconnus sur la place de la Bourse Lamoricière, enterré l'an dernier, et aux Champs-Élysées, Cavaignac, disparu depuis cinq ou six ans. Le 2 décembre me trouva observateur dans ma station céleste, comme je l'avais été de ma tour solitaire, et successivement s'écoulèrent ainsi des événements qui déjà m'avaient frappé, et d'autres qui m'étaient restés inconnus.

Quærens. — Est-ce que ces événements passèrent rapidement sous vos regards ?

Lumen. — Je ne saurais apprécier la mesure du temps ; mais tout ce panorama rétrospectif se succéda certainement en moins d'un jour... en quelques heures peut-être.

Quærens. — Alors, je ne comprends plus ! Pardonnez à un vieil ami cette interruption indiscrète ; mais d'après ce que je m'étais imaginé, il me semblait que c'était bien les événements eux-mêmes que vous voyiez, et non un simulacre. Seulement, en vertu du temps nécessaire au trajet de la lumière, ces événements étaient en retard sur l'instant de leur accomplissement. Voilà tout. Si donc, 72 années terrestres ont passé sous vos yeux, elles auraient dû mettre exactement 72 ans à vous apparaître, et non quelques heures. Si l'année 1793 vous apparaissait seulement en 1864, l'année 1864, en retour, ne devrait, par conséquent, vous apparaître qu'en 1936.

LUMEN. — Votre objection nouvelle est fondée, et me prouve que vous avez parfaitement compris la théorie de ce fait. Je vous sais gré de me l'avoir formulée. Aussi, vais-je vous expliquer comment il ne me fut pas nécessaire d'attendre 72 nouvelles années pour revoir ma vie, et comment, sous l'impulsion d'une force inconsciente, je l'ai effectivement revue en moins d'un jour.

Continuant de suivre mon existence, j'arrivai aux dernières années, remarquables par la transformation radicale que Paris a subie ; je vis nos derniers amis et vous-même ; ma fille et ses charmants enfants ; ma famille et mon cercle de connaissances ; et enfin, le moment arriva où je me vis couché sur mon lit de mort et où j'assistai à la dernière scène.

C'est vous dire que j'étais revenu sur la Terre.

Attirée par la contemplation qui l'absorbait, mon âme avait vite oublié la montagne des vieillards et Capella. Comme on le ressent parfois en rêve, elle s'envolait vers le but de ses regards. Je

ne m'en aperçus pas d'abord, tant l'étrange vision captivait toutes mes facultés. Je ne puis vous
dire ni par quelle loi ni par quelle puissance les
âmes peuvent se transporter aussi rapidement
d'un lieu à un autre ; mais la vérité est que j'*étais
revenu à la Terre*, en moins d'un jour, et que je
pénétrai dans ma chambre au moment même de
mon ensevelissement.

Puisque dans ce voyage de retour j'allais au-
devant des rayons lumineux, je raccourcissais
sans cesse la distance qui me séparait de la Terre,
la lumière avait de moins en moins de chemin à
parcourir et resserrait ainsi la succession des
événements. Au milieu du chemin, les rayons lumineux m'arrivant de 36 ans seulement en retard, ne me montraient plus la Terre de 72 ans
auparavant, mais de 36. Aux trois quarts du
chemin, les aspects n'étaient plus en retard que
de 18 ans. A la moitié du dernier quart, ils m'arrivaient seulement 9 ans après s'être passés, et
ainsi de suite ; de sorte que la série entière de
mon existence se trouva condensée en moins d'un
jour, par suite du retour rapide de mon âme allant
au-devant des rayons lumineux.

Quærens. — Cette combinaison n'est pas le
moins étrange phénomène !

Lumen. — Vous est-il venu à l'esprit d'autres objections en m'écoutant.

Quærens. — J'avoue que celle-là était la dernière, ou que du moins elle m'intriguait si fort qu'elle n'a pas permis à d'autres de se formuler.

Lumen. — Je vous ferai remarquer qu'il y en a pourtant une autre encore, astronomique, que je relèverai de suite pour ne laisser aucun nuage. Celle-ci dépend du mouvement de la Terre. Non-seulement le mouvement diurne du globe aurait dû m'empêcher de bien saisir la succession des faits, mais ce mouvement étant démesurément accéléré par la rapidité de mon retour vers la Terre, et 72 ans s'écoulant en moins d'un jour, je me fis la réflexion qu'il était surprenant que je ne m'en aperçusse pas. Mais soit que j'aie suivi moi-même la rotation du globe et que j'aie tourné dans l'espace en demeurant constamment au-dessus de la France, — ce qui me paraît inimaginable — soit que la rapidité même des mouvements les eût rendus insensibles eux-mêmes et eût comme isolé les objets, soit enfin qu'une cause inconnue de moi ait sauvé la difficulté, je dus me rendre à l'évidence et constater que j'avais sans peine assisté à la succession rapide des événements du siècle et de ma propre vie.

Quærens. — Cette difficulté ne m'avait pas échappé, et je l'avais levée en pensant que vous aviez tourné dans l'espace, de même qu'un ballon est entraîné par la rotation du globe. Il est vrai que l'inconcevable rapidité avec laquelle vous auriez dû être emporté a de quoi donner le vertige ; mais je me bornais néanmoins à cette hypothèse en songeant à votre parole : que les esprits parcourent l'espace avec la vitesse et la légèreté de la pensée ; et en remarquant que votre vue, comme votre rapprochement inconscient de la Terre, étant dus à l'intensité de votre attention sur le point du globe où vous vous voyiez, il n'est pas inadmissible que vous vous soyez constamment tenu au-dessus de ce point.

Lumen. — A cet égard, je ne vous affirme rien, car je suis resté inconscient. Je n'ai pas revu tous les événements de ma vie, mais seulement un petit nombre de principaux qui, successivement échelonnés, m'ont montré l'ensemble de mon existence. Ils ont pu se présenter tous sur le même rayon visuel. Tout ce que je sais, c'est que l'attention indicible qui m'enchaînait souverainement et impérieusement à la Terre, agit effectivement comme une chaîne qui m'aurait ramené à elle, ou, si vous l'aimez mieux, comme cette force encore mystérieuse de l'attraction des astres, en vertu de laquelle les petits astres tomberaient directement sur les plus importants, s'ils n'étaient retenus dans leurs orbites par la force centrifuge.

Quærens. —En songeant à cette effet de la concentration de la pensée vers un seul point et de l'attraction réelle qu'elle subit ensuite vers ce point, je crois remarquer que c'est là le ressort principal du mécanisme des rêves.

Lumen. — Vous avez dit vrai, mon ami, et je puis vous l'affirmer, moi qui, pendant de longues années ai fait des songes le sujet spécial de mes observations et de mes études. Lorsque l'âme, affranchie des attentions, des préoccupations et des tendances corporelles, voit en rêve un objet qui la charme et vers lequel elle se sent attirée, tout disparaît autour de cet objet, il reste seul et devient le centre d'un monde de créations; l'âme le possède entièrement et sans réserve, elle le contemple, elle le saisit, le fait sien; l'univers entier s'efface de la mémoire pour laisser une domination absolue à l'objet de la contemplation de l'âme, et comme il m'est arrivé pour mon retour subit vers la Terre, elle ne voit plus que cet objet, accompagné des idées et des images qu'il engendre et fait successivement apparaître.

4.

Quærens. — Votre voyage rapide à Capella, comme votre retour non moins rapide sur la Terre, avaient donc pour cause cette loi psychologique ; et vous agîtes plus librement encore qu'en rêve, car votre âme n'était plus arrêtée par les rouages de l'organisme. Je me souviens qu'en nos conversations passées vous m'entretîntes, en effet, souvent sur la force de la volonté. Ainsi vous étiez revenu à votre lit de mort, avant que votre dépouille mortelle ne fût ensevelie.

Lumen. — J'étais revenu, et je bénissais les regrets sincères de ma famille, je calmais les douleurs de votre amitié blessée, je m'efforçais d'inspirer à mes enfants la certitude que cette enveloppe corporelle n'était plus moi, et que j'habitais la sphère des esprits, l'espace céleste, infini et inexploré.

J'assistai au convoi, et je remarquai ceux qui s'étaient dit mes amis, et qui, pour une occupation de médiocre importance, ne prirent pas la peine de conduire mes restes à leur dernière demeure. J'écoutai les conversations variées qui suivaient mon cercueil, et quoique en cette région de paix nous ne soyons plus avides de louanges, je me sentais heureux, néanmoins, de reconnaître qu'un bon souvenir de mon passage sur la Terre restait dans toutes les pensées.

Lorsque la pierre du caveau fut roulée et sé-
para la terre des morts de la terre des vivants, je
donnai un dernier adieu à mon pauvre corps
endormi, et comme le soleil descendait dans son
lit de pourpre aux franges d'or, je demeurai dans
l'atmosphère jusqu'à la nuit tombante, plongé
dans l'admiration des beaux spectacles qui se déroulent dans les régions aériennes. L'aurore boréale déployait au-dessus de son pôle son ruban
argenté, des étoiles filantes pleuvaient de Cassiopée, et le croissant aux échancrures profondes s'in-
clinait à l'ouest, comme la poupe d'un navire. Je
vis Capella scintillante qui me regardait, de son
regard si pur et si vif, et je distinguai les couronnes qui l'entouraient, princes célestes d'une
divinité. Alors j'oubliai de nouveau la Terre, la
Lune, le système planétaire, le Soleil, les comètes, pour me laisser sans réserve à la séduction du
charmant regard de Capella, et je me sentis emporté vers elle par l'action de mon désir avec une
rapidité plus grande que celle des flèches électri-
ques. Après un temps dont je ne puis constater la
durée, j'arrivai sur le même anneau et sur la
même montagne où j'avais abordé la veille, et je
vis les vieillards occupés à suivre l'histoire de la

Terre à 71 ans et 8 mois de retard. Ils regardaient les événements de la ville de Lyon, le 23 janvier 1793.

Vous avouerai-je quelle était la cause mystérieuse de l'attraction de Capella pour moi? O merveille! il est dans la création des liens invisibles qui ne se brisent pas comme les liens mortels; il est des correspondances intimes qui demeurent entre les âmes malgré les séparations des distances. Le soir de ce second jour, comme la lune émeraude s'enchâssait dans le troisième anneau d'or (telle est la mesure sidérale du temps) je me surpris suivant une avenue solitaire enveloppée de fleurs et de parfums. J'y marchais en rêvant depuis quelques instants, lorsque je vis venir à moi... ma belle et tant aimée Eivlys. Elle avait l'âge mûr de sa mort, et malgré son nouvel aspect, on reconnaissait en elle les traits de l'expansion et de la bonté, qu'une vie toute de sentiment avait inscrits sur son front et fixés dans son regard. Je ne m'arrêterai pas à vous décrire la joie de notre réunion; ce n'en est pas ici le lieu, et peut-être un jour nous sera-t-il donné de nous entretenir sur les affections ultra-terrestres qui succèdent aux nôtres. Je veux seulement relier cette rencontre au sujet de cette thèse, en ajoutant que bientôt nous cherchâmes ensemble dans le ciel la Terre, notre patrie adoptive, où nous avions passé des jours de paix et de bonheur. Nous aimions, en effet, retourner nos regards vers ce point lumineux, où notre condition actuelle nous permettait de distinguer un monde ; nous aimions marier le passé de notre souvenir au présent qui nous arrivait sur l'aile de la lumière ; et dans l'extase où nous plongeait cette singularité si nouvelle pour nous, nous cherchions ardemment à voir reparaître devant nous les événements de notre jeunesse. C'est ainsi que nous revîmes actuellement les chères années de notre premier amour, le pavillon du couvent, le jardin fleuri, les promenades des environs de Paris, si coquets et si charmants, et nos voyages solitaires à nous deux à travers les campagnes. Pour retrouver ces années, il nous suffisait de nous avancer ensemble dans l'espace, dans la direction de la Terre, jusqu'aux régions où ces aspects, portés sur la lumière, étaient photographiés.

Je vous ai révélé, mon ami, l'étrange observation que je vous avais promise. Voici l'aurore qui s'annonce, et l'étoile de Lucifer pâlit déjà sous l'aube rosée. Je retourne aux constellations...

Quærens. — Encore un mot, ô Lumen, avant

de clore cet entretien. Puisque les aspects terrestres ne se transmettent que successivement dans l'espace, il y aurait donc un présent perpétuelle pour les vues échelonnées dans cet espace, jusqu'à une limite, bornée seule par la puissance de la vue spirituelle.

LUMEN. — Oui, mon ami. Plaçons, par exemple, un premier observateur à la distance de la Lune : il apercevra les faits terrestres une seconde et demie après qu'ils se seront produits. Plaçons-en un second à une distance double : les faits seront pour lui en retard de trois secondes. Un troisième les verra près de six secondes après leur accomplissement. A une distance double encore de la précédente, un quatrième les observera avec un retard de onze secondes. Ainsi de suite. A la distance du Soleil, il y a déjà huit minutes et treize secondes de retard. Sur certaines planètes, il y a plusieurs heures, comme nous l'avons vu. Plus loin, on arrive à des jours entiers. Plus loin encore, à des mois, à des années. Sur alpha du Centaure, on ne voit les choses terrestres que trois ans et huit mois après qu'elles ne sont plus. Il est des étoiles assez distantes pour que la lumière n'en arrive qu'en plusieurs siècles, et même en plusieurs milliers d'années... Il y a même des nébuleuses où la lumière n'arrive qu'après un voyage de plusieurs millions d'années...

Quærens. — De sorte que pour être témoin d'un événement historique ou géologique des temps passés, il suffirait à ces vues perçantes de s'éloigner suffisamment. Ne pourrait-on pas de la sorte revoir véritablement le déluge, le paradis terrestre, Adam et...

Lumen. Je vous ai dit, mon vieil ami, que l'arrivée du soleil sur l'hémisphère met en fuite les esprits. Un second entretien nous permettra un jour d'approfondir davantage un sujet dont je n'ai pu vous présenter aujourd'hui que l'esquisse générale, et qui est fertile en horizons nouveaux. Les étoiles m'appellent et sont déjà disparues. Adieu, Quærens, adieu.

DEUXIÈME RÉCIT

DEUXIÈME RÉCIT[1]

REFLUUM TEMPORIS

I

QUÆRENS. — Les révélations interrompues par l'aurore, ô Lumen! ont laissé depuis longtemps mon âme avide de creuser plus avant le singulier mystère. Comme l'enfant auquel on a montré un fruit savoureux désire y plonger ses dents affriandées, et lorsqu'il y a goûté désire encore plus : ainsi ma curiosité cherche de nouvelles jouissances dans les paradoxes de la nature. Est-ce une indiscrétion trop téméraire de vous soumettre quelques questions complémentaires, que mes amis m'ont communiquées depuis que je leur ai fait part de notre entretien? et puis-je vous demander de continuer le récit de vos impressions d'outre-terre?

LUMEN. — Je ne puis, mon ami, consentir à une telle curiosité. Quelque parfaitement disposée

1. Écrit en 1867.

que soit votre âme à bien recevoir mes paroles,
je suis persuadé néanmoins que les particularités
de mon sujet ne vous ont pas toutes également
frappé, et n'ont pas toutes à vos yeux l'évidence
de la réalité. On a accusé mon récit d'être mystique.
On n'a pas tout à fait compris que ce n'est ici ni du
roman ni de la fantaisie, mais une vérité scientifique, un fait physique, démontrable et démon-
tré, indiscutable, et qui est aussi positif que la
chute d'un aérolithe ou le mouvement d'un boulet
de canon. La raison qui vous a empêché, vous et
vos amis, de bien comprendre la réalité du fait,
c'est que ce fait se passe en dehors de la Terre,
dans une région étrangère à la sphère de vos impressions et non accessible à vos sens terrestres.
Il est naturel que vous ne compreniez pas. (Pardonnez ma franchise, mais dans le monde spirituel on est franc : les pensées mêmes sont visibles.) Vous ne pouvez comprendre que ce qui
appartient au monde de vos impressions. Et
comme vous êtes disposés à croire *absolues* vos
idées sur le temps et l'espace, qui ne sont pourtant
que *relatives*, vous avez l'entendement fermé aux
vérités qui résident en dehors de votre sphère, et
qui ne sont pas en correspondance avec vos facultés organiques terrestres. Ainsi, mon ami, ce

ne serait pas vous rendre un véritable service que de poursuivre le récit de mes observations extra-terrestres.

Quærens. — Ce n'est pas, croyez-le bien, par esprit de simple curiosité, ô Lumen! que je me permets de vous évoquer du sein du monde invisible, où les âmes supérieures doivent goûter d'inénarrables jouissances. Mais j'ai mieux compris que vous ne m'en accusez la grandeur du problème, et c'est sous l'inspiration d'une avidité studieuse que je cherche des aspects plus nouveaux encore que les précédents, si je puis dire, ou plutôt plus hardis et plus incompréhensibles encore. A force de réfléchir, je suis arrivé à croire que ce que nous savons n'est rien, et que ce que nous ne savons pas est tout. Je suis donc disposé à tout accueillir. Je vous en supplie, laissez-moi partager vos impressions...

Lumen. — En vérité je vous l'assure, mon ami, ou vous n'êtes pas assez disposé à les entendre, ou vous l'êtes trop. Dans le premier cas, vous ne les comprendrez pas. Dans le second, vous serez trop crédule et n'en apprécierez pas la valeur. Ainsi, je retourne...

Quærens. — Compagnon bien-aimé de mes jours terrestres!...

Lumen. — Au surplus les faits dont j'aurais maintenant à vous entretenir sont plus extraordinaires encore que les précédents.

Quærens. — Je suis comme Tantale au milieu de son lac, comme les esprits du vingt-quatrième chant du Purgatoire, comme les bras tendus vers les pommes odorantes des Hespérides, comme le désir d'Ève...

Lumen. — Quelque temps après mon départ de la Terre, les yeux de mon âme se reportaient mélancoliquement sur cette patrie, lorsqu'un examen attentif sur l'intersection du 45ᵉ degré de latitude boréale et du 35ᵉ degré de longitude, me montra un triangle de terre ferme grisâtre au-dessus de la mer Noire, au bord duquel, du côté de l'ouest, un triste nombre de mes pauvres frères terrestres s'entre-tuaient avec acharnement. Je me mis à songer à la barbarie de cette institution soi-disant glorieuse de la Guerre, qui pèse encore sur vous, et je reconnus qu'en ce coin de la Crimée succombaient 800,000 hommes ignorant la cause de leur massacre mutuel. Des nuages passèrent sur l'Europe.

J'étais alors, non sur Capella, mais dans l'espace, entre cette étoile et la Terre, vers la moitié de la distance de Véga, et, parti de la Terre depuis quelque temps, je me dirigeais vers une

petite nébuleuse que l'on distingue de la Terre
à gauche de l'astre précédent. Ma pensée cependant revenait de temps en temps à la Terre. Un peu après l'observation précédente, mes yeux s'étant portés sur Paris, furent surpris de le voir en proie à une insurrection du peuple. Examinant avec une attention plus soutenue, je vis des barricades sur les boulevards, près de l'Hôtel de ville, dans les longues rues, et les citoyens se tirant mutuellement des coups de fusil. La première idée qui s'offrit à moi fut qu'une révolution nouvelle s'accomplissait sous mes yeux et que Napoléon III était renversé de son trône. Mais par une correspondance secrète des âmes, ma vue fut appelée par une barricade du faubourg Saint-Antoine, sur laquelle je vis étendu l'archevêque Denis-Auguste Affre, que j'avais un peu connu. Ses yeux éteints regardaient sans le voir le ciel où j'étais ; sa main tenait un rameau vert. J'avais donc sous les yeux les journées de juin 1848, et en particulier celle du 25. Quelques instants — quelques heures peut-être — se passèrent, pendant lesquels mon imagination et ma raison cherchaient à tour de rôle l'explication de ce fait particulier : Voir 1848 *après* 1854, lorsque ma vue de nouveau attirée vers la Terre remarqua une distribution de dra-

peaux tricolores sur une grande place de la ville de Lyon. Cherchant à distinguer le personnage officiel qui faisait cette distribution, je n'eus pas de peine à reconnaître la sympathique figure du jeune duc d'Orléans, et je me souvins qu'après l'avénement de Louis-Philippe, ce jeune prince avait en effet été envoyé calmer les agitations de la capitale de l'industrie française. Il suit de là, qu'*après* 1854 et 1848, j'avais sous les yeux un fait passé en l'année 1831. Un peu plus tard mon regard tomba sur Paris un jour de fête publique. Un gros roi à ventre proéminent et à face rubiconde était traîné dans une magnifique calèche et traversait en ce moment le Pont-Neuf. Il faisait un temps magnifique. Des demoiselles blanches étaient posées comme une corbeille de lilas blanc sur le terre-plein du pont. Des animaux étranges, colorés de nuances claires, couraient sur Paris. C'était évidemment la rentrée des Bourbons en France. Je n'aurais rien compris à cette dernière particularité, si je ne m'étais souvenu qu'on avait alors lancé dans l'air un grand choix de ballons en forme d'animaux. Du haut du ciel, ils paraissaient courir gauchement sur les toits.

Revoir un événement passé : je l'avais compris, en l'expliquant par les lois de la lumière. Mais revoir les événements contrairement à leur ordre réel : c'est ce qui devenait tout à fait fantastique, et m'aurait (me disais-je) conduit à la divagation si je cherchais à expliquer cette impossibilité.

Cependant, comme j'avais les faits sous les yeux, je ne pouvais les nier; je cherchai donc quelle hypothèse pouvait rendre compte d'une telle singularité.

La première hypothèse était celle-ci : c'est bien la Terre que je vois, et par une destinée dont Dieu seul connaît le secret, l'histoire de France repasse à peu près par les mêmes phases qu'elle a traversées; elle s'est avancée jusqu'à un certain maximum, qui est représenté par l'année de l'exposition universelle, et revient vers ses origines, par une oscillation qui peut exister dans l'humanité comme dans les variations de l'aiguille aimantée, comme dans les mouvements des astres. Les personnages qui me paraissent être ici le duc d'Orléans et Louis XVIII sont peut-être d'autres princes qui se trouvent répéter exactement ce qu'ont fait les premiers.

Cette hypothèse, toutefois, me parut bien extraordinaire, et je m'arrêtai à une théorie plus rationnelle :

Étant donnée la multitude des étoiles et des

planètes qui gravitent autour de chacune d'elles, me posais-je, quelle est la probabilité pour qu'il se rencontre dans l'espace un monde exactement pareil à la Terre?

Le calcul des probabilités répond à cette question. Plus sera grand le nombre des mondes, et plus sera grande la probabilité que les forces de la nature aient donné naissance à une organisation semblable à celle de la Terre. Or, le nombre réel des mondes dépasse toute la numération humaine écrite ou dans la possibilité d'être écrite. Si nous comprenions l'infini, il nous serait peut-être permis de dire que ce nombre est infini. J'en conclus qu'il y a une très-haute probabilité en faveur de l'existence d'un ou plusieurs mondes exactement semblables à la Terre, à la surface desquels s'accomplirait la même histoire, la même succession d'événements, et qui se trouvent habités par les mêmes espèces végétales et animales, la même humanité, les mêmes hommes, les mêmes familles, identiquement.

Je me demandai en second lieu si ce monde, tout en étant analogue à la Terre, ne pourrait pas lui être *symétrique*. Ici j'entrais dans la géométrie et dans la théorie métaphysique des images. J'arrivai à la conviction qu'il était *possible* que le monde en question fût semblable à la Terre, mais toutefois inverse. Lorsque vous vous examinez dans un miroir, vous observez que la bague de votre main droite est passée à l'annulaire de votre main gauche, ce qui modifie son symbole; que si vous clignez l'œil droit, votre Sosie cligne l'œil gauche; que si vous avancez le bras droit, votre image avance le bras gauche. Est-il impossible que dans l'infinité des astres existe un monde exactement inverse du monde terrestre? A coup sûr, dans une *infinité* de mondes, l'impossible, au contraire, serait qu'il n'y en eût pas, et il y en a plutôt des milliers qu'un seul. La nature a dû non-seulement se répéter, se reproduire, mais encore jouer sous toutes les formes le jeu de la création. Je pensai donc que le monde où je voyais ces choses n'était pas la Terre, mais un globe semblable dont l'histoire était précisément l'inverse de la vôtre.

QUÆRENS. — J'ai déjà eu l'idée, moi aussi, qu'il en pouvait être ainsi. Mais ne vous était-il pas facile de vous assurer du fait et de constater si c'était bien la Terre ou un autre astre que vous aviez sous les yeux, en examinant sa position astronomique?

LUMEN. — C'est précisément ce que je fis aussitôt, et cet examen me confirma dans mon idée. L'astre où je venais d'apercevoir quatre faits analogues à quatre faits terrestres, mais inverses, ne me parut pas occuper la position primitive. La petite constellation de l'Autel n'existait plus, et de ce côté du ciel où vous vous souvenez que la Terre m'était apparue dans mon premier épisode, il y avait un polygone irrégulier d'étoiles inconnues. J'acquis ainsi la conviction que ce n'était pas notre Terre que j'avais sous les yeux. Il n'y avait plus prétexte au moindre doute, et j'avais maintenant pour champ d'exploration un monde d'autant plus curieux qu'il n'était pas la Terre, et que son histoire paraissait représenter dans un ordre inverse un tableau de l'histoire de la Terre.

Quelques événements, il est vrai, ne me parurent pas avoir leurs pendants sur la Terre; mais en général la coïncidence fut très-remarquable, d'autant plus que le mépris que je porte aux instituteurs de la guerre m'avait fait espérer qu'un tel fléau ne devait pas exister sur d'autres mondes, et qu'au contraire la plupart des événements dont je fus témoin étaient encore des combats ou des préparatifs.

Après une bataille qui me parut ressembler fort à celle de Waterloo, je vis la bataille des Pyramides. Un Sosie de Napoléon empereur était devenu premier consul, et je vis la Révolution succéder au Consulat. Quelque temps après, je remarquai la place du château de Versailles couverte de voitures en deuil, et dans un sentier découvert de Ville-d'Avray je reconnus la démarche lente du botaniste Jean-Jacques Rousseau, qui sans doute en ce moment philosophait sur la mort de Louis XV. L'événement qui frappa le plus mon attention fut ensuite une des fêtes de gala du commencement du règne de Louis XV, dignes filles de celles de la Régence, où le trésor de la France glissait en perles d'eau à travers les doigts de trois ou quatre courtisanes adorées. Je vis Voltaire en bonnet de coton dans son parc de Ferney, et plus tard Bossuet se promenant sur la petite terrasse de son palais épiscopal de Meaux, non loin de la petite colline que le chemin de fer coupe aujourd'hui, mais où je ne distinguai pas la moindre trace de cette industrie. Dans cette même succession d'événements, je voyais les routes couvertes de diligences, et sur les mers de vastes navires à voiles. La vapeur avait disparu avec toutes les usines qu'elle meut de nos jours. Le télégraphe était anéanti ainsi que toutes les applications de l'électricité. Les ballons qui s'étaient

montrés de temps en temps dans mon champ
d'observation étaient perdus, et le dernier que
j'avais vu était le globe informe enlevé à Annonay
par les frères Mongolfier en présence des États
généraux. La face du monde était déjà changée.
Paris, Lyon, Marseille, le Havre, Versailles surtout étaient méconnaissables. Les premières avaient
perdu leur immense mouvement. La dernière avait
gagné un éclat incomparable. Je ne m'étais formé
qu'une idée insuffisante de la splendeur royale des
fêtes de Versailles; j'étais satisfait d'y assister, et
je me sentis impressionné au fond de l'âme en
voyant Louis XIV lui-même, en personne, sur la
splendide terrasse de l'Ouest, entouré de mille
seigneurs enrubannés ; c'était le soir, les derniers
rayons d'un ardent soleil se réverbéraient sur la
façade royale, des couples galants descendaient
gravement les marches de l'escalier de marbre,
ou s'enfonçaient vers les avenues silencieuses et
sombres.

Ma vue se reportait de préférence sur la
France, ou du moins sur la région du monde inconnu qui me représentait la France, car on a
beau être loin, bien loin de son pays, on y songe
toujours, et l'on y laisse chaque fois revenir sa
pensée avec bonheur. Ne croyez pas que les âmes

désincarnées soient dédaigneuses, froides, affranchies de tout souvenir ; nous aurions alors de tristes existences. Non : nous gardons la faculté de nous ressouvenir, et notre cœur ne s'absorbe pas dans la vie de l'esprit. C'est donc avec un sentiment de jouissance intime dont je vous laisse l'appréciation, que je revis toute notre histoire de France se dérouler comme si ses phases s'étaient accomplies dans un ordre inverse. Après l'unification du peuple, je vis la souveraineté d'un potentat. Après celle-ci la féodalité princière. Mazarin, Richelieu, Louis XIII et Henri IV m'apparurent à Saint-Germain. Les Bourbons et les Guises recommencèrent pour moi leurs escarmouches ; je crus distinguer la Saint-Barthélemy. Quelques faits particuliers de l'histoire de nos provinces me réapparurent, par exemple, une scène de la diablerie de Chaumont, que j'eus le temps d'observer devant l'église Saint-Jean, et le massacre des protestants à Vassy. Ces scènes me soulevèrent d'indignation ; mais je fus ensuite agréablement surpris de voir la magnifique comète en forme de sabre de 1577. Dans une plaine éloignée, j'aperçus François Ier et Charles-Quint se saluant. Louis XI m'apparut sur une terrasse de la Bastille ; ce sont les petites statuettes de son chapeau qui me le firent reconnaître. Plus tard, mes yeux, se portant sur une place de Rouen, remarquèrent une forte fumée et des flammes ; au milieu d'elles se consumait le corps de la vierge d'Orléans.

Dans la persuasion que ce monde était l'exacte contre-partie de la Terre, je devinais d'avance les événements que j'allais voir. Ainsi, lorsque après avoir vu saint Louis mourant sur la cendre au pied de Tunis, j'assistai à la huitième croisade, puis à la troisième où je reconnus Frédéric Barberousse à sa barbe, puis à la première où Pierre l'Ermite et Godefroy de Bouillon me rappelèrent le Tasse, je ne fus que médiocrement étonné. Je m'attendais ensuite à voir successivement Hugues Capet chanter les vêpres en chape d'officiant; le concile de Tauriacum décider que le jugement de Dieu va se prononcer dans la bataille de Fontanet, et Charles le Chauve y faire massacrer cent mille hommes et toute la noblesse mérovingienne; Charlemagne couronné à Rome, la guerre contre les Saxons et les Lombards; Charles Martel martelant les Sarrasins; le roi Dagobert faisant bâtir l'abbaye de Saint-Denis, comme j'avais vu Alexandre III poser la première pierre de Notre-Dame ; Brunehaut traînée sur le pavé par un cheval; les Visigoths, les Vandales, les Ostrogoths, Clovis,

Mérovée apparaître dans le pays des Saliens, en un mot les origines mêmes de notre histoire se dérouler dans le sens inverse de leur succession ; et c'est effectivement ce qui arriva. Plusieurs questions historiques très-importantes qui m'étaient restées obscures jusque-là furent même rendues visibles pour moi. Ainsi, je constatai, entre autres, que les Français sont originaires de la rive droite du Rhin, et que les Allemands n'ont aucune raison de leur disputer ce fleuve, et surtout la rive gauche.

Il y avait en vérité pour moi un intérêt plus grand que je ne saurais l'exprimer à assister de la sorte à des événements dont je n'avais une idée vague que par les échos souvent trompeurs de l'histoire, et à visiter des pays transformés depuis si longtemps. La vaste et brillante capitale de la civilisation moderne avait rapidement vieilli et s'était rapetissée jusqu'au point des villes ordinaires, toutefois en s'embastionnant de tours crénelées. J'admirai tour à tour la belle cité du xve siècle, les types curieux de son archéologie, la célèbre tour de Nesles, les vastes couvents de Saint-Germain-des-Prés. Là où fleurit maintenant le jardin de la tour Saint-Jacques, je reconnus la cour sombre de l'alchimiste Nicolas Flamel. Les toits ronds et pointus faisaient le singulier effet de champignons au bord du fleuve. Puis cet aspect féodal avait lui-même disparu pour faire place à un simple château bâti au milieu de la Seine, entouré de quelques chaumières, et enfin à une véritable campagne où l'on distinguait seulement quelques huttes de sauvages. Paris n'existait plus et la Seine roulait ses eaux silencieuses au milieu des herbes et des saules. Dans le même temps, je remarquai que le foyer de la civilisation s'était déplacé et était descendu vers le sud. Vous l'avouerai-je? mon ami! en aucune circonstance mon âme n'éprouva un sentiment d'aussi vive jouissance qu'au moment où il me fut donné de voir la Rome des Césars dans sa splendeur. C'était un jour de triomphe, et sans doute sous les princes syriens, car au milieu des magnificences extérieures, des chars éclatants, des oriflammes de pourpre, d'un sénat de femmes élégantes et de ministres d'opéra, je distinguai un empereur mollement étendu sur un char doré, entièrement vêtu de soie claire et couvert de pierreries, d'ornements d'or et d'argent resplendissant au soleil de midi. Ce ne pouvait être qu'Héliogabale, le prêtre du soleil. Le Colysée, le temple d'Antinoüs, les arcs de triomphe, la colonne Trajane, étaient élevés, et Rome était dans toute sa beauté archéologique, dernière beauté, qui n'était plus qu'une scène de théâtre pour des bouffons couronnés. Un peu plus tard j'assistai à la grandiose éruption du Vésuve, qui engloutit Herculanum et Pompéi. Un moment, je vis Rome en flammes, et quoique je n'aie pu distinguer Néron sur sa terrasse, je fus persuadé que j'avais bien sous les yeux l'incendie de l'an 64 et le signal des persécutions chrétiennes. Quelques heures après, mon attention était encore occupée à examiner les vastes jardins de Tibère, et venait de voir cet empereur arriver près du parterre de roses, lorsque, par suite de la rotation de la Terre sur son axe, la Judée vint se placer sous l'anxiété de mon regard, qui devina immédiatement Jérusalem et la montagne du Golgotha. Jésus gravissait cette montagne, entouré par quelques femmes, escorté d'une troupe de soldats et suivi par une populace de Juifs. Ce spectacle est l'un de ceux que je n'oublierai jamais. Il était tout autre pour moi que pour les vivants qui y assistaient alors, car la gloire future (et pourtant passée) de l'Église chrétienne se déployait pour moi comme couronnement du divin sacrifice... Je n'insiste pas ; vous comprendrez quels sentiments divers agitèrent mon âme en cette observation suprême...

Revenant plus tard vers Rome, je reconnus Jules César étendu sur son bûcher, ayant à sa tête Antoine dont la main gauche tenait, je crois, un rouleau de papyrus. Les conjurés descendaient à la hâte les bords du Tibre. Remontant par une légitime curiosité la vie de Jules César, je le retrouvai avec Vercingétorix au sein des Gaules, et je pus constater que de toutes les hypothèses de nos modernes sur Alesia, aucune ne donne l'emplacement véritable, attendu que cette forteresse était située sur...

Quærens. — Pardonnez mon interruption, maître, mais je saisis avec empressement l'occasion de vous demander un éclaircissement sur un point particulier du dictateur. Puisque vous avez revu Jules César, dites-moi, je vous prie, si sa figure ressemble vraiment à celle que l'empereur Napoléon III, qui règne actuellement sur la Gaule, en a donnée dans son grand ouvrage sur la vie de ce fameux capitaine?

Lumen. — Je serais enchanté, mon vieil ami, de vous éclairer sur ce point si j'en avais la possibilité. Mais réfléchissez qu'ici les lois de la perspective me défendent...

Quærens. — De la perspective?... Vous voulez dire : de la politique...

Lumen. — Non ; de la perspective (quoique ces deux choses se ressemblent fort), car en voyant les grands hommes du haut du ciel, je les juge autrement qu'ils ne paraissent au vulgaire. Du ciel, nous voyons géométriquement les hommes par le haut, et non de face, c'est-à-dire que lorsqu'ils sont debout nous n'en n'avons qu'une projection horizontale. Vous vous souvenez qu'un jour nous sommes passés ensemble en ballon au-dessus de la colonne Vendôme à Paris, et que vous m'avez fait la réflexion que Napoléon vu d'en haut ne dépassait pas le niveau des autres hommes. Il en est de même de César. De l'autre monde, les mesures matérielles disparaissent : il ne reste plus que les mesures intellectuelles.

Quoi qu'il en soit, je remontai de Jules César jusqu'aux consuls et aux rois du Latium, pour m'arrêter un instant à l'enlèvement des Sabines, que je fus satisfait de pouvoir observer directement comme type des mœurs antiques. L'histoire a embelli bien des choses, et je reconnus que la plupart des faits historiques reproduits par les peintres furent totalement différents de ceux qu'on nous représente. En ce même moment j'aperçus le roi Candaule en Lydie, dans la scène du bain

que vous connaissez, l'invasion de l'Égypte par les
Éthiopiens, la république oligarchique de Corin-
the, la huitième olympiade de la Grèce, et Isaïe
prophétisant en Judée. Je vis bâtir les pyramides
par des troupeaux d'esclaves obéissant à des chefs
montés sur des dromadaires. Les grandes dynasties de la Bactriane et de l'Inde m'apparurent, et la
Chine m'offrit les arts merveilleux qu'elle possédait
avant la naissance même du monde occidental.
J'eus l'occasion de rechercher l'Atlantide de Platon, et je vis effectivement que les opinions de
Bailly sur ce continent disparu ne sont pas dé-
nuées de fondement. Dans la Gaule on ne distinguait plus que de vastes forêts et des marécages,
les druides eux-mêmes avaient disparu, et les
sauvages ressemblaient fort à ceux qui vivent
encore aujourd'hui dans l'Océanie. C'était bien
l'*âge de pierre* retrouvé par les archéologues modernes. Plus tard encore, je vis que le nombre
des hommes diminuait peu à peu, et que la domination de la nature semblait appartenir à une
grande race de singes, à l'ours des cavernes, au
lion, à l'hyène, au rhinocéros. Il arriva un moment
où il me fut impossible de distinguer non-seulement un seul homme à la surface de ce monde,
mais encore le moindre vestige de la race humaine.

Tout avait disparu. Les tremblements de terre, les volcans, les déluges semblaient maîtres de la surface planétaire et ne plus permettre la présence de l'homme au sein de ces ruines.

QUÆRENS. — Vous avouerai-je, ô Lumen, que j'attendais avec impatience le moment où vous arriveriez au paradis terrestre, afin de savoir au juste en quelle forme se présenta la création de la race humaine sur la Terre. Je suis surpris que vous ne sembliez pas avoir même songé à cette importante observation.

LUMEN. — Je vous raconte uniquement ce que j'ai vu, mon curieux ami, et je me garderai bien de substituer au témoignage de mes yeux les rêves de mon imagination. Or, je n'ai pas aperçu la moindre trace de cet Éden si poétiquement dépeint dans les théogonies primitives. Au surplus, il eût été bien extraordinaire que la ressemblance entre le monde que j'avais sous les yeux et la Terre fût allée jusque-là, d'autant plus que si le paradis terrestre a sa raison d'être au berceau de l'humanité, je ne vois pas qu'il puisse avoir la même raison à la fin de la société humaine.

QUÆRENS. — Je crois, au contraire, qu'il serait plus juste de le supposer à la fin qu'au commencement, comme récompense plutôt que comme le prélude incompris d'une vie de souffrances. Mais puisque vous ne l'avez pas vu, je n'insiste pas sur ma question.

Lumen. —Il m'arriva, enfin, en terminant l'observation de ce monde singulier dont l'histoire était précisément l'inverse de la vôtre, de voir des animaux merveilleux de monstruosité se combattre sur le rivage de vastes mers. Il y avait des serpents gigantesques armés de pattes formidables, des crocodiles qui volaient dans les airs, supportés par des ailes organiques plus longues que leur corps, des poissons difformes dont la gueule aurait avalé un bœuf, des oiseaux de proie se livrant de terribles batailles dans les îles dévastées. Il y avait des continents entiers couverts de vastes forêts, des arbres aux feuilles énormes croissant les uns sur les autres, des végétaux sombres et sévères, car le règne végétal ne possédait plus alors ni fleurs ni fruits. Les montagnes vomissaient des nappes enflammées, les fleuves tombaient en cataractes, le sol des campagnes s'ouvrait comme une gueule profonde, en laquelle s'engloutissaient les collines, les bois, les rivières, les arbres, les animaux. Mais bientôt il me devint impossible de distinguer même la surface du globe; une mer universelle me parut le couvrir, et le règne végétal comme le règne animal s'effacèrent lentement pour faire place à une monotone verdure sillonnée d'éclairs et de fumées blanches. C'était désormais un monde mourant. J'assistais aux dernières palpitations de son cœur, révélées par des lueurs fauves intermittentes. Puis il me sembla qu'il pleuvait à la fois sur sa surface entière, car le soleil n'éclairait plus que des nuages et des sillons de pluie. L'hémisphère opposé au soleil me parut moins sombre qu'auparavant, et de sourdes clartés se laissaient apercevoir à travers les tempêtes. Ces clartés gagnèrent en intensité et se propagèrent sur la sphère entière. De larges crevasses étaient rouges comme le fer à la forge. Et comme le fer successivement chauffé dans l'ardente fournaise devient rouge clair, puis orangé, puis jaune, puis blanc et incandescent : ainsi le monde passa par toutes les phases de l'échauffement progressif. Son volume s'accrut, son mouvement de rotation se ralentit. Le globe mystérieux devint semblable à une sphère immense de métal fondu, enveloppé de vapeurs métalliques. Sous l'action incessante de sa fournaise intérieure et des combats élémentaires de cette étrange chimie, il acquit des proportions énormes et sa sphère incandescente de-

vint sphère de vapeurs. Dès lors, il allait se déve-
loppant sans cesse et perdant sa personnalité. Le
Soleil qui l'éclairait d'abord ne le surpassait plus
en éclat, et agrandissait lui-même sa circonférence, de telle sorte qu'il devint évident pour moi
que la planète vaporeuse allait perdre son existence même en s'absorbant dans l'atmosphère
grandissante du Soleil.

Assister à la fin d'un monde est une permission
rare. Aussi, dans mon enthousiasme, ne pus-je
m'empêcher de m'écrier avec une sorte de vanité:
« Voilà donc la fin du monde, ô Dieu ! et voilà le
sort réservé aux innombrables terres habitées ! »

— Ce n'est pas *la fin*, répondit une voix à
l'entendement de mon âme : *c'est le commencement.* »

— « Comment, c'est le commencement ? »
pensai-je aussitôt.

— « Le commencement de la Terre elle-même,
répondit la même voix. Tu as revu toute l'histoire
de la Terre, *en t'éloignant d'elle avec une vitesse
plus grande que celle de la lumière.* »

Cette affirmation ne me surprit pas autant que
le premier épisode de ma vie ultra-terrestre; car,
déjà familiarisé aux effets étonnants des lois de la

lumière, j'étais désormais préparé à toute nouvelle surprise. Je m'étais bien douté du fait par certains détails que je n'ai pu vous rapporter pour ne pas troubler l'unité de mon récit, mais qui pourtant étaient incomparablement plus extraordinaires encore que la succession générale des événements.

Quærens. — Mais si c'était réellement la Terre, comment se fait-il que l'observation astronomique que vous aviez faite plus haut pour la reconnaître dans la constellation de l'Autel vous ait indiqué, au contraire, que le monde que vous examiniez n'était, ni la Terre, ni un astérisme de l'Autel?

Lumen. — C'est que cette constellation même avait changé par suite de mon voyage dans l'espace. Au lieu des étoiles de troisième grandeur α, γ et ζ, et des étoiles de quatrième grandeur β, δ et θ, qui constituent cette figure vue de la Terre, mon éloignement vers la nébuleuse avait réduit ces étoiles à de petits points imperceptibles. Il avait placé là d'autres étoiles brillantes, qui sans doute étaient α et β du Cocher, θ, ι, η, et peut-être même ϵ de la même figure, étoiles diamétralement opposées aux précédentes, lorsqu'on est sur la Terre, mais qui ont dû s'interposer là lorsque je les eus dépassées. Les perspectives célestes avaient déjà changé, et il devenait en vérité presque impossible de déterminer la position de notre Soleil.

QUÆRENS. — Je n'avais pas songé à cet inévitable changement de perspective, au delà de Capella. Ainsi, c'est bien la Terre même que vous avez vue. De plus, son histoire s'est déroulée devant vous en sens inverse de la réalité. Vous avez vu les événements anciens arriver *après* les événements modernes. Par quel nouveau procédé la lumière a-t-elle pu vous faire ainsi remonter le fleuve du temps?

De plus, ô Lumen, vous m'avez annoncé avoir observé des particularités curieuses, relatives à la Terre même. Je désirais précisément vous soumettre quelques questions sur ces détails. J'écouterai donc avec intérêt les histoires extraordinaires qui doivent compléter ce récit, persuadé que, comme antérieurement, elles répondront d'avance à ma curiosité.

Lumen. — La première circonstance se rattache à la bataille de Waterloo.

Quærens. — Nul plus que moi ne se souvient mieux de cette catastrophe; j'y reçus une balle à l'épaule près de Mont-Saint-Jean, et un coup de sabre sur la main droite par un des vauriens de Blücher.

Lumen. — Eh bien ! mon vieux camarade, en assistant de nouveau à cette bataille, je la vis tout autrement qu'elle ne s'est passée. Jugez-en plutôt.

Lorsque j'eus reconnu le champ de Waterloo, au sud de Bruxelles, je distinguai d'abord un nombre considérable de cadavres, sinistre assemblée de la mort gisant étendue sur le sol. Au loin, à travers le brouillard, on apercevait Napoléon arrivant à reculons, en tenant son cheval par la bride; les officiers qui l'accompagnaient marchaient également à reculons ! Quelques canons devaient commencer de gronder, car on voyait de temps en temps les tristes lueurs de leurs éclairs. Lorsque ma vue fut suffisamment habituée à la campagne, je vis d'abord quelques soldats morts se réveiller, ressusciter de la nuit éternelle, et se relever d'un seul trait ! Groupes par groupes, un grand nombre ressuscitent. Les chevaux morts se réveillent comme les cavaliers, et ceux-ci remontent à cheval. Aussitôt que deux ou trois milliers d'hommes sont revenus à la vie, je les vois se former insensiblement en bataille rangée ; les deux armées se trouvent en présence et commencent à se battre, avec un acharnement et une fureur que l'on aurait pu prendre pour du désespoir. Le combat une fois engagé, des deux parts les soldats ressuscitent plus rapidement. Français, Anglais, Prussiens, Allemands, Hanovriens, Belges ; capotes grises, uniformes bleus, tuniques rouges, vertes, blanches se lèvent du champ de la mort et se battent. Au centre de l'armée française j'aperçois l'empereur ; un bataillon carré l'enveloppait : la garde impériale était ressuscitée !

Alors les immenses bataillons s'avancèrent des deux camps, précipitant leurs flots lourds ; de la gauche et de la droite s'élancèrent les escadrons. Les chevaux blancs faisaient flotter au vent leur

aérienne crinière. Je me souvins de l'étrange dessin de Raffet et de l'épigraphe spectrale du poëte
allemand Sedlitz :

> La caisse sonne, étrange,
> Fortement elle retentit.
> Dans leur fosse ressuscitent
> Les vieux soldats péris.

Et de cette autre :

> C'est la grande revue
> Qu'à l'heure de minuit
> Aux Champs-Élysées
> Tient César décédé.

C'était bien Waterloo, mais un *Waterloo d'outre-
tombe*, car les combattants étaient des ressuscités.
De plus, singulier mirage, c'est à reculons qu'ils
marchaient les uns contre les autres. Une telle
bataille était d'un effet magique, qui m'impres-
sionnait d'autant plus fortement, que je devinais
voir l'événement lui-même et que cet événement
était étrangement transformé en son image symétrique. Remarque non moins singulière : Plus
on se battait, et plus le nombre des combattants
augmentait ; à chaque trouée que le canon faisait
dans les rangs serrés, un groupe de morts res-
suscitait immédiatement pour boucher ces trouées.

Lorsque les armées ennemies eurent passé la journée à s'entre-déchirer par la mitraille, les canons, les balles, les baïonnettes, les sabres, les épées ; lorsque l'immense bataille fut achevée, il n'y eut plus un seul mort, pas un seul blessé ; les uniformes, naguère déchirés, en désordre, étaient en bon état, les hommes étaient valides, les rangs étaient correctement formés. Les deux armées s'éloignèrent lentement l'une de l'autre comme si l'ardente mêlée n'avait eu d'autre but que de faire ressusciter, sous la fumée du combat, les deux cent mille cadavres qui gisaient dans la plaine il y a quelques heures. Quelle bataille exemplaire et digne d'envie ! A coup sûr c'était là le plus singulier des épisodes militaires. Et l'aspect physique était dépassé encore par l'aspect moral, lorsque je songeais que cette bataille avait pour résultat, non de vaincre Napoléon, mais au contraire de le placer sur le trône. Au lieu de perdre la bataille, c'était l'empereur qui la gagnait, de prisonnier devenant souverain. Waterloo était un 18 brumaire !...

Quærens. — Je ne comprends qu'à demi, ô Lumen ! ce nouvel effet des lois de la lumière, et je vous serais reconnaissant de m'en donner l'explication, si vous la connaissez.

Lumen. — Je vous l'ai laissé deviner tout à l'heure, en vous disant que je m'éloignais de la Terre avec une vitesse *plus grande* que celle de la lumière.

Quærens — Mais, je vous prie, comment cet éloignement progressif dans l'espace vous fit-il voir les objets dans l'ordre inverse de celui dans lequel ils se sont accomplis?

Lumen. — La théorie est bien simple. Supposez que vous partiez de la Terre avec une vitesse exactement *égale* à celle de la lumière; vous aurez toujours avec vous l'aspect que la Terre revêtait au moment où vous êtes parti, puisque vous vous éloignez du globe avec une vitesse précisément égale à celle qui emporte cet aspect lui-même dans l'espace. Lors même que vous voyageriez pendant mille ans, cent mille ans, cet aspect vous accompagnera toujours, comme une photographie qui ne vieillit pas, tandis que les années font vieillir l'original.

Quærens. — J'ai déjà compris ce fait dans notre premier entretien.

Lumen. — Bien. Supposez maintenant que vous vous éloigniez de la Terre avec une vitesse *supérieure* à celle de la lumière. Qu'arrivera-t-il? Vous retrouverez, à mesure que vous avancerez

dans l'espace, les rayons partis *avant* vous, c'est-
à-dire les photographies successives qui, de seconde en seconde, d'instant en instant, s'envolent
dans l'étendue. Si, par exemple, vous partez en
1867 avec une vitesse égale à celle de la lumière,
vous gardez éternellement l'année 1867 avec vous.
Si vous allez plus vite, vous retrouverez les rayons
partis aux années antérieures et qui portent en
eux la photographie de ces années.

Pour mieux mettre en évidence la réalité de ce
fait, je vous prie de considérer plusieurs rayons
lumineux partis de la Terre à différentes époques.
Le premier est, je suppose, celui d'un instant
quelconque du 1er janvier 1867. A raison de
77,000 lieues par seconde, il a, au moment où je
vous parle, déjà fait un certain trajet depuis le
moment de son départ et se trouve maintenant à
une certaine distance, que j'exprimerai par la lettre A. Considérons maintenant un second rayon
parti de la Terre cent ans auparavant, le 1er janvier 1767 : il est de cent ans *en avance* sur le
premier, et se trouve à une distance beaucoup plus
grande, distance que j'exprimerai par la lettre B.
Un troisième rayon, celui, je suppose, du 1er janvier 1667, est encore *plus loin*, d'une longueur
égale au trajet que parcourt la lumière en cent

ans. J'appelle C le lieu où en est ce troisième rayon. Enfin un quatrième, un cinquième, un sixième, sont respectivement du 1ᵉʳ janvier 1567, 1467, 1367, etc., et sont échelonnés à des distances égales, D, E, F, s'enfonçant de plus en plus dans l'infini.

Voilà donc une série de photographies terrestres échelonnées sur une même ligne de distance en distance dans l'espace. Or l'esprit qui s'éloigne en passant successivement par les points A, B, C, D, E, F, y retrouve successivement l'histoire séculaire de la Terre en ces époques.

QUÆRENS. — Maître ! à quelle distance ces photographies sont-elles les unes des autres?

LUMEN. — Le calcul est des plus faciles : l'intervalle qui les sépare est naturellement celui que la lumière parcourt en cent ans. Or, à raison de 77,000 lieues par seconde, vous voyez de suite qu'elle parcourt 4,620,000 lieues en une *minute*, 277,200,000 lieues en une *heure*, 6,652,800,000 lieues en un *jour*, 2,428,272,000,000 en un *an*, ou, en tenant compte des années bissextiles, 2,429,935,200,000. Il en résulte par conséquent que l'intervalle entre deux points partis à un *siècle* de distance est de 242 *trillions* 993 *milliards et demi* de lieues environ.

Voilà, dis-je, une série de photographies terrestres échelonnées dans l'espace à ces intervalles réciproques. Supposons maintenant qu'entre chacune de ces images séculaires se trouvent échelonnées à leur tour les images annuelles, gardant
entre chacune d'elles la distance que la lumière parcourt en un an, et que je viens de vous nommer ;
puis qu'entre chacune des images annuelles nous
ayons les images de chaque jour ; puis que chaque jour contienne les images de ses heures, chaque heure enfin les images de ses minutes et
chaque minute les images de ses secondes, le tout
se succédant suivant les distances respectives de
chacune d'elles : nous aurons dans un rayon de
lumière, ou pour mieux dire dans un jet de lumière composé d'une série d'images distinctes jux-
taposées, l'inscription fluidique de l'histoire de la
Terre.

Quand l'esprit voyage dans ce rayon éthéré
d'images, avec une vitesse supérieure à celle de
la lumière, il retrouve successivement les anciennes images. Lorsqu'il arrive à la distance où
se trouve alors l'aspect parti en 1767, il a déjà
remonté cent ans de l'histoire terrestre. Lorsqu'il
arrive au point où est arrivé l'aspect de 1667, il a
remonté deux siècles. Lorsqu'il arrive à la photo-

graphie de 1567, il a revu trois siècles, et ainsi de suite. Je vous ai dit en commençant que je me dirigeais alors vers une nébuleuse située à gauche de Capella. Cette nébuleuse se trouve à une distance incomparablement plus grande que cette étoile, quoique de la Terre elle paraisse être à côté, parce que les deux rayons visuels sont voisins ; cette proximité apparente n'est due qu'à la perspective. Pour vous donner une idée de l'éloignement probable de cette nébuleuse, je puis vous dire qu'elle n'est pas moins vaste que la Voie lactée. On peut donc se demander à quelle distance il faudrait supposer la Voie lactée transportée pour qu'elle se réduisît à l'aspect de cette nébuleuse. Mon savant ami Arago avait fait ce calcul, que vous n'ignorez pas, puisqu'il le répétait chaque année à son cours de l'Observatoire et qu'on l'a publié depuis sa mort. Il faudrait supposer la Voie lactée transportée à une distance égale à 334 fois sa longueur. Or, comme la lumière met 15,000 ans à traverser d'un bord à l'autre de la Voie lactée, il s'ensuit que la lumière ne doit pas employer moins de 334 fois 15,000 ans, c'est-à-dire moins de cinq millions d'années pour venir de là. J'avais remonté le rayon de la Terre jusqu'à cette lointaine nébuleuse, et si ma vue spirituelle avait été plus parfaite, j'aurais pu distinguer non-seulement l'histoire rétrograde de dix mille, cent mille ans, mais encore celle de cinq millions d'années.

QUÆRENS. — Pour· remonter ainsi les événements en vous éloignant dans l'espace, est-ce que vous voliez en reculant, ou plutôt les esprits sont-ils doués de la faculté de voir derrière eux ?

LUMEN. — Quelle question ! Si j'entreprenais de vous exposer par quel sens intime les esprits voient, je vous plongerais dans la discussion d'un problème insoluble pour vous. Pour votre satisfaction personnelle, pensez que je me retournais de temps en temps pour examiner la Terre ; cette idée sera plus facile à accepter.

QUÆRENS. — Combien de temps dura ce voyage vers la nébuleuse?

LUMEN. — Ne vous ai-je pas appris que le temps n'existe plus en dehors du mouvement de la Terre? Que j'aie employé cent ans ou une demi-journée à cet examen : c'est exactement la même durée devant l'infini.

QUÆRENS. — Maître! me permettez-vous maintenant de vous soumettre une étrange idée qui vient de poindre dans mon cerveau?

LUMEN. — C'est pour entendre vos réflexions que je vous fais ce récit.

Quærens. — Je viens de me demander si cette même inversion pourrait avoir lieu pour l'oreille comme pour la vue. Si, de même que nous pouvons voir un événement au rebours de sa réalité, nous pourrions de même entendre un discours en commençant par la fin. C'est sans doute là une question oiseuse et peut-être en apparence ridicule, mais dans le paradoxe, il me semble que tout mérite également l'attention. Ainsi, oserais-je vous avouer que, tout à l'heure, pendant que vous me parliez de la bataille de Waterloo, il m'est venu à l'idée de savoir comment vous auriez entendu… les paroles que la tradition attribue au général Cambronne, si le phénomène qui s'est produit pour la lumière s'était produit pour le son.

Lumen. — Les lois du son diffèrent essentiellement de celles de la lumière. Le son ne parcourt que 340 mètres par seconde, et ses effets n'ont absolument rien de commun avec ceux de la lumière. Néanmoins il est évident que si nous avancions dans l'air avec une vitesse *supérieure* à celle du son, nous entendrions à l'inverse les sons qui partiraient des lèvres d'un interlocuteur. Si, par exemple, celui-ci récite un alexandrin, un auditeur, en s'éloignant avec ladite vitesse, à partir du moment où il a entendu le dernier pied, retrouvera successivement les onze autres pieds partis en avant, et entendra l'alexandrin au rebours.

Quærens. — De sorte que, pour en revenir à la bataille de Waterloo, vous auriez entendu...

Lumen. — Si ce qui s'est accompli dans l'ordre de la lumière s'était accompli dans l'ordre du son, j'aurais entendu l'assemblage informe de syllabes que voici :

Pas-rend-se-ne-et-meurt-de-gar-la,

qu'il m'aurait été difficile de comprendre. J'aurais cherché différents sens sous ces syllabes.

Quærens. — Peut-être auriez-vous cru, en modifiant logiquement les sons, que Cambronne, répondant au défi de l'officier anglais, l'aurait envoyé lui-même au séjour des ombres en lui disant :

Pars en ce lieu, et meurs !... De guerre las...

Lumen. — En modifiant beaucoup les sons ! Dans tous les cas, ce demi-sens ne m'aurait certainement pas satisfait. J'aurais sans doute cherché mille interprétations, mais il n'est pas utile de les chercher ici. Quant à la théorie en elle-même, elle offre une réflexion curieuse, c'est que la nature aurait pu faire que le son ne parcourût pas 340 mètres par seconde (car la science ignore quelle est la cause de cette vitesse), mais qu'il se transmît plus lentement, beaucoup plus lentement même. Pourquoi, par exemple, ne se transmet-il pas dans l'air avec une vitesse de quelques centimètres seulement par seconde? Or voyez ce qui en résulterait s'il en était ainsi. Les hommes ne pourraient plus se parler en marchant. Deux amis causent ensemble; l'un fait un pas, deux pas en avant, s'éloigne d'un mètre, je suppose, et comme le son emploierait plusieurs secondes à franchir ce mètre, il en résulterait qu'au lieu d'entendre la suite de la phrase prononcée par son ami, le promeneur entendrait de nouveau, dans un ordre inverse, les sons constitutifs des phrases antérieures. A quoi tient-il que l'on ne puisse causer en marchant, et que les trois quarts des hommes ne puissent s'entendre?

Ces remarques, mon ami, m'invitent à proposer en passant à vos méditations un sujet bien digne d'attention et dont on s'est encore peu occupé jusqu'ici : celui de l'adaptation de l'organisme humain au milieu terrestre. La manière dont l'homme voit, dont il entend, ses sensations, son système nerveux, sa taille, son poids, sa densité, sa marche, ses fonctions, en un mot tous ses actes sont régis, constitués même, par l'état de votre planète. Nul de vos actes n'est absolument libre, indépendant : l'homme est la résultante, docile quoique inconsciente, des forces organiques de la Terre.

Mais pour en revenir à mon observation des détails relatifs à la vie terrestre, inversement rendus par mon essor rapide, je vous rapporterai maintenant l'aspect bizarre que m'offrirent les existences humaines. Dans le monde que j'avais sous les yeux et qui (nous l'avons vu) n'est autre que le vôtre, les hommes ne naissaient plus par la voie naturelle que vous connaissez. Au contraire...

Quærens. — Comment, au contraire ?

Lumen. — Pour mettre au monde un homme, on commençait par creuser le sol à une certaine profondeur, ou, pour parler plus exactement, on se rassemblait dans une sorte de verger ; des ouvriers jetaient à l'aide de pelles, au bord d'une fosse, de la terre friable, qui, au surplus, semblait sortir elle-même du fond de la fosse. Puis ces ouvriers se penchaient et retiraient de l'ouverture creusée dans le sol une boîte oblongue, que l'on portait — non pas précisément en triomphe — mais en cérémonie, dans un temple. Un peu plus tard, je voyais sortir du temple la même boîte, toujours suivie d'un nombre considérable d'assistants, dont les uns paraissaient tristes, tandis que d'autres restaient fort indifférents. Le cortége marchait à reculons, vêtu de noir.

On arrivait ensuite près d'une maison dans laquelle on entrait également à reculons, avec la boîte dont j'ai parlé. Que se passait-il ensuite dans l'intérieur de l'habitation ? C'est ce que je pus une seule fois apercevoir par suite d'une disposition particulière des hautes fenêtres et de l'éclairage. Quelques personnes choisies commençaient par déclouer la boîte à coups de marteau (procédé aussi bizarre que le reste); puis déballaient l'objet enfermé et le plaçaient sur un lit.

C'est alors que se préparait le moment suprême de la naissance d'un être humain ; car ce corps inerte que l'on venait de déterrer était un futur vivant. Toute la famille se mettait en pleurs, comme pour déplorer l'arrivée d'un nouvel être en cette triste vie; les uns déchiraient leurs vêtements, les autres, et c'étaient les plus rares, s'arrachaient les cheveux, d'autres étaient étendus comme morts sur leurs fauteuils; d'autres encore s'agenouillaient au pied de la couche et paraissaient prier. Les médecins, toujours faciles à reconnaître, arrivaient, non plus pour expédier le malade, mais au contraire pour lui donner la vie, et en quelque sorte faire accoucher la mort. C'est ordinairement le surlendemain de son exhumation que le cadavre s'éveillait. Le ministre qui avait dirigé la première cérémonie, venait lui donner le baptême de l'extrême-onction. Dès ce moment, le nouveau-né était entouré de tous les soins imaginables.

Telles s'accomplissaient toutes les naissances. On naissait vieux ou dans l'âge mûr. Ordinairement on subissait une longue maladie avant de faire définitivement partie des vivants. Quelquefois on n'en subissait aucune et on se levait du sein de la mort comme par accident. La vie était dès lors sensiblement différente de la vôtre actuelle. Au lieu de vieillir, on rajeunissait; on arrivait à la force de l'âge, les crânes chauves se couvraient insensiblement; les cheveux blancs devenaient bruns ou blonds; les femmes étaient savantes en leur art avant d'être innocentes; la nature elle-même réparait des ans le réparable outrage; hommes et femmes atteignaient la virilité, puis l'adolescence, puis la première jeunesse; enfin on tombait dans l'enfance, et après avoir passé par toutes les phases, on devenait petit enfant, très-petit enfant, jusqu'au moment où enfin on était porté par ses parents au temple, puis on disparaissait de la scène du monde par un procédé que vous devinerez en réfléchissant à la symétrie...

QUÆRENS. — J'avoue, ô Lumen! que je n'ai jamais entendu récit plus bizarre et plus merveilleusement insolite. Mais dans ce monde singulier, comment s'accomplissaient donc les mariages?

LUMEN. — Ce n'est pas là le moins curieux. Naissent mariés tous ceux qui doivent l'être. Que ce soit l'époux ou l'épouse qui naisse le premier, celui qui vient au monde le second est directement apporté au domicile conjugal. Les enfants sont nés depuis longtemps et sont au milieu de la vie quand naissent le père et la mère. La famille reste unie pendant un certain nombre d'années; chacun de ces membres se rapproche de la jeunesse. Vers une certaine époque, les enfants meurent les uns après les autres, en devenant très-petits et en disparaissant par la loi indiquée plus haut.

Lorsque l'époux et l'épouse sont arrivés à l'âge

de l'adolescence (il y a toutefois de nombreuses
exceptions pour le premier, mais le temps ne fait
rien à l'affaire), ils se réjouissent une dernière
fois dans une noce éclatante, puis ils se séparent
comme à regret, en se faisant l'un l'autre les plus
vives protestations d'amitié. Cette cour rétrospec-
tive se prolonge souvent pendant plusieurs années, et ce n'est pas l'observation la moins curieuse à voir quels ardents témoignages de
mutuelle sympathie se prodiguent les « fiancés »
après leur séparation définitive.

Quærens. — Maître, si tout s'accomplit de la
sorte en sens opposé de la nature terrestre, comment procède-t-on aux repas, à l'alimentation
matérielle et à tout ce qui s'y rapporte ?

Lumen. — Vous ressemblez fort, mon ami, à
ces enfants terribles qui posent en public les
questions les plus indiscrètes. Puisque vous savez
que les faits se passent exactement à l'inverse de
la nature, vous pouvez vous figurer sans peine
quel tableau répond à votre bizarre interrogation.

Parmi les particularités de l'existence, un certain nombre paraissent semblables quoique opposées. L'action de s'asseoir était pour moi l'action
de se lever, et réciproquement. La Terre tournait
pour moi en sens inverse, le matin était le soir et le

soir était le matin ; mais comme les crépuscules se ressemblent fort, je ne m'apercevais pas de cette interversion, d'autant moins que les détails y concordaient : s'habiller, par exemple, était pour moi se déshabiller, etc. Je ne veux pas allonger maintenant inutilement ce récit. Mon but était de vous montrer que pour avoir le spectacle d'un monde et d'un système de vie exactement opposés au vôtre, il suffit de s'éloigner de la Terre avec une vitesse supérieure à celle de la lumière.

Dans cet essor de l'âme vers les horizons inaccessibles de l'infini, on retrouve les rayons lumineux réfléchis par la Terre et par les autres planètes il y a des milliers et des myriades d'années, et *en observant les planètes de cette lointaine distance, on peut assister de visu aux événements de leur histoire passée.* Ainsi l'on remonte le fleuve du temps jusqu'à sa source. Une telle faculté doit illuminer pour vous d'une clarté nouvelle les régions de l'éternité. Je me promets de vous en faire connaître bientôt les conséquences métaphysiques, si, comme je l'espère, vous avez admis la valeur scientifique des documents de cette étude ultra-terrestre.

TROISIÈME RÉCIT

TROISIÈME RÉCIT[1]

HOMO HOMUNCULUS

Quærens. — Je vous ai écouté avec intérêt, ô Lumen! sans être, je l'avoue, entièrement persuadé que tout ce que vous venez de me raconter soit bien une réalité. En vérité, il est fort difficile de croire que l'on puisse voir ainsi directement toutes choses. Lorsqu'il y a des nuages, par exemple, vous ne pouvez voir, au travers, ce qui se passe à la surface de la Terre. Il en est de même de l'intérieur des demeures.

Lumen. — Détrompez-vous, mon ami, les ondulations de l'éther traversent des obstacles que vous pourriez croire infranchissables. Les nuages sont formés de molécules entre lesquelles un rayon de lumière peut souvent passer. Dans le cas contraire, il y a çà et là des éclaircies à travers lesquelles on peut voir obliquement. Il

1. Écrit en 1867.

est rare qu'il soit impossible de rien distingué
Si c'est là votre dernière objection, il faut avou
qu'elle est loin d'être insurmontable.

Quærens. — Vous avez une manière particu
lière de résoudre toutes les difficultés. Peut-êt
est-ce là un privilége des êtres spirituels. Il m'
fallu successivement supposer que vous avez é
transporté sur Capella avec une vitesse supérieu
à celle de la lumière; que vous êtes arrivé sur u
monde sans vous y incarner; que votre âme de
meure affranchie de toute enveloppe corporelle
que vos yeux ultra-terrestres sont assez puissant
pour distinguer de là-haut ce qui se passe ici
que vous pouvez vous reculer ou vous avance
dans l'espace à votre fantaisie; et enfin que le
nuages eux-mêmes ne s'opposent pas à ce qu
vous puissiez distinguer la surface de notre globe
Il faut convenir que ce sont là pourtant d'asse
graves difficultés.

Lumen. — Que vous êtes terrestre! mon viei
ami, et que vous seriez surpris si j'entreprenai
maintenant de vous prouver que toutes ces difficultés n'en sont pas, et que toutes celles qui s'op-
poseraient encore à votre conception du phénomène sont de purs effets de votre ignorance
native! Que penseriez-vous si je vous disais

qu'aucun homme n'a seulement une idée de ce qui se passe même sur la Terre, et que nul ne comprend la nature ?

Quærens. — Au nom des indiscutables vérités de la science moderne, j'oserais penser que vous voulez m'en imposer.

Lumen. — A Dieu ne plaise ! Écoutez-moi, mon ami. Les merveilleuses découvertes de la science contemporaine devraient agrandir la sphère de vos conceptions. Vous venez de découvrir l'analyse spectrale ! Par l'examen méthodique d'un modeste rayon de lumière venu d'une lointaine étoile, vous constatez quels sont les éléments qui constituent cette étoile inaccessible et alimentent ses flammes. C'est là, mon jeune frère spirituel, un événement plus étonnant à lui seul que toutes les conquêtes des Alexandre, des César et des Napoléon, que toutes les découvertes des Ptolémée, des Colomb, des Guttenberg, que toutes les bibles des Moïse, des Confucius, des Jésus. Quoi ! des trillions de lieues mesurent l'abîme qui vous sépare de Sirius, d'Arcturus, de Véga, de Capella, de Castor et Pollux, et vous analysez les substances qui constituent ces soleils, comme si vous pouviez les prendre à la main et les soumettre au creuset du laboratoire ! Comment donc vous refuser à admettre que, par des procédés qui vous sont inconnus, la vue de l'âme puisse saisir elle-même l'aspect lumineux d'un monde lointain et en distinguer même les moindres détails ? Eh quoi ! le télégraphe porte en un instant inappréciable votre pensée de l'Europe à l'Amérique à travers les abîmes de l'océan, deux interlocuteurs s'entretiennent à voix basse à des milliers de lieues de distance, et vous n'êtes pas capable d'admettre mes relations parce que vous ne les comprenez pas tout-à-fait ? Mais comprenez-vous *comment* la dépêche télégraphique vole et se transmet ? Non, n'est-ce pas ? Cessez donc de conserver des doutes qui n'ont même pas la valeur d'être scientifiques.

Quærens. — Mes objections, ô mon savant maître, n'avaient d'autre but que d'apporter des clartés nouvelles à ma compréhension. Je suis loin de nier la réalité de ce que vous voulez bien me faire connaître ; et je cherche surtout à m'en former une idée rationnelle et exacte.

Lumen. — Songez bien, mon ami, que je ne m'en formalise en aucune façon, et pour développer à mon gré la sphère de vos conceptions, je puis à l'instant même vous ouvrir les yeux sur l'insuffisance de vos facultés terrestres et sur la pauvreté fatale de la science positive elle-même, en vous invitant à réfléchir que les causes de vos impressions sont uniquement des modes du mouvement, et que ce que l'on appelle orgueilleusement *la science* n'est qu'une *perception organique très-bornée*. La lumière, par laquelle vos yeux voient; le son, par lequel vos oreilles entendent; les odeurs, les saveurs, etc., sont différents modes de mouvement qui vous impressionnent. Vous ne pouvez apprécier que quelques-uns d'entre eux, par les sens que vous avez reçus, principalement par la vue et par l'ouïe. Vous croyez naïvement voir et entendre la nature? Il n'en est rien: vous recevez quelques-uns des mouvements en exercice sur votre atome sublunaire. Voilà tout. En dehors des impressions que vous percevez, il en est une infinité d'autres que vous ne pouvez percevoir.

QUÆRENS. — Pardonnez, maître! Mais ce nouvel aspect de la nature ne me paraît pas assez clair pour que je puisse le bien comprendre. Seriez-vous...

LUMEN. — L'aspect est nouveau pour vous, en vérité; mais une réflexion attentive va vous le faire saisir. Le son est formé par des vibrations qui, s'exécutant dans l'air, viennent frapper la membrane de votre tympan et vous donnent

l'impression des tons divers. L'homme n'entend
pas tous les sons. Lorsque les vibrations sont trop
lentes (au-dessous de 40 par seconde), le son
est trop bas : votre oreille ne l'entend plus. Lorsque les vibrations sont trop rapides (au-dessus de
36,850 par seconde), le son est trop aigu : votre
oreille ne l'apprécie plus. Au-dessous et au-dessus de ces deux limites de l'organisme humain
des sons existent pourtant encore et sont entendus par d'autres êtres, comme par exemple le
insectes. Les mêmes raisonnements s'appliquen
à la lumière. Les différents aspects de la lumière
les nuances et les couleurs des objets sont également dues à des vibrations qui viennent frappe
votre nerf optique et vous donner l'impression
des intensités diverses de la lumière. L'homme ne
voit pas tout ce qui est visible. Lorsque les vibrations sont trop lentes (au-dessous de 458 trillions
par seconde), la lumière est trop faible : votre
œil ne la voit plus. Lorsque les vibrations sont
trop rapides (au-dessus de 727 trillions par seconde), la lumière dépasse votre faculté organique de perception et devient invisible pour vous.
Au-dessous et au-dessus de ces deux limites, des
couleurs existent encore, et sont vues par d'autres
êtres. Vous ne connaissez donc, et vous ne pouvez

connaître que les impressions qui peuvent faire vibrer les deux cordes de votre lyre organique, que l'on appelle le nerf optique et le nerf auditif.

Songez un instant à l'étendue des choses non perceptibles pour vous. Tous les mouvements ondulatoires qui existent dans l'univers, entre ceux qui donnent le chiffre de 36,850 et ceux qui donnent celui de 458,000,000,000,000 dans la même unité de temps, ne peuvent être ni entendus, ni vus par vous, et restent fatalement inconnus de vous. Essayez de mesurer cette échelle ! La science contemporaine commence à pénétrer un peu dans ce monde invisible, et vous savez qu'elle vient de mesurer les vibrations inférieures à 458 trillions (ce sont les rayons calorifiques, invisibles) et les vibrations supérieures à 727 trillions (ce sont les rayons chimiques, également invisibles). Mais les méthodes scientifiques ne peuvent qu'étendre un peu la sphère de la perception directe, sans pouvoir jamais aller au delà. — Vous êtes isolé, au milieu de l'infini.

Il y a plus. Une infinité d'autres vibrations existent dans la nature, lesquelles n'*étant pas en correspondance* avec votre organisation, et ne pouvant être reçues par vous, *sont à tout jamais ignorées de vous.* Si vous aviez d'autres cordes à votre lyre, dix, cent, mille... l'harmonie de la nature se traduirait plus complétement en les faisant entrer en vibrations, chacune en ce qui concernerait son mode; vous percevriez une quantité de faits qui se passent certainement autour de vous sans qu'il soit possible d'en deviner même l'existence; et, au lieu de deux notes dominantes, vous pourriez vous former une idée de l'ensemble du concert. Mais vous êtes d'une pauvreté dont vous ne vous doutez pas, parce qu'une pauvreté générale n'en est pas une, et qu'il vous est impossible de la comparer à la richesse de certains êtres supérieurs aux habitants de la Terre.

Les sens que vous possédez suffisent pour vous indiquer l'existence possible d'autres sens, non-seulement plus puissants, mais encore d'une espèce tout à fait différente. Par le sens du toucher, par exemple, vous pouvez, il est vrai, reconnaître la sensation de la chaleur; mais il est facile de concevoir l'existence d'un sens spécial, analogue à celui par lequel la lumière vous donne l'aspect des objets extérieurs, et rendant l'homme capable de juger de la figure, de la substance, de la structure interne et des autres qualités d'un objet par l'action des ondes calorifiques qui en émanent. Le même raisonnement pourrait être tenu au sujet de l'électricité. Vous pouvez également concevoir l'existence d'un sens qui, étant, par exemple, à l'œil ce que le spectroscope est au télescope, donnerait la connaissance des éléments constitutifs des corps. Ainsi, déjà au point de vue scientifique, vous avez les bases suffisantes pour imaginer des modes de perception tout différents de ceux qui caractérisent l'humanité terrestre. Ces sens existent dans d'autres mondes, et il y a une infinité de manières de percevoir l'action des forces de la nature.

QUÆRENS. — J'avoue, ô maître ! qu'une clarté nouvelle et singulière vient de se faire en mon entendement, et que votre enseignement me paraît une interprétation vraie de la réalité. J'avais déjà songé à la possibilité de pareilles choses ; mais je n'avais pu les deviner, enveloppé que je suis encore dans les sens terrestres. Il est certain qu'il faut être en dehors de notre cercle pour juger véritablement l'ensemble. Ainsi, n'étant doués que de quelques sens limités, nous ne pouvons connaître que les faits qui sont accessibles à leur perception. Le reste est naturellement inconnu. Est-ce que ce reste est beaucoup, à côté de ce que nous savons ?

Lumen. — Le reste est immense, et ce que vous savez n'est presque rien. Non-seulement vos sens ne perçoivent pas les mouvements physiques qui, tels que l'électricité solaire et terrestre dont les effluves se croisent dans l'atmosphère, le magnétisme des minéraux, des plantes et des êtres, les affinités des organismes, etc., sont invisibles pour vous ; mais ils perçoivent encore moins les mouvements du monde moral, les sympathies et antipathies, les pressentiments, les attractions spirituelles, etc. Je vous le dis en vérité : ce que vous savez, et tout ce que vous pourriez connaître par l'intermédiaire de vos sens terrestres n'est rien à côté de ce qui est. Cette vérité est si profonde, qu'il pourrait très-bien se faire que des êtres existassent sur la Terre, des êtres essentiellement différents de vous, ne possédant ni yeux ni oreilles, ni aucun de vos sens, mais doués d'*autres* sens, et capables de percevoir ce que vous ne percevez pas, et, tout en vivant dans le même monde que vous, connaissant ce que vous ne pouvez connaître et se formant de la nature une idée complétemen étrangère à celle que vous vous en formez.

Quærens. — Ceci maintenant dépasse tout fait mon intellect.

Lumen. — Et mieux encore, ô mon terrestr

ami, je puis ajouter en toute sincérité que les perceptions que vous recevez et qui constituent les bases de votre science, ne sont même pas des perceptions de la *réalité*. Non. Lumières, clartés, couleurs, aspects, tons, bruits, harmonies, sons divers, parfums, saveurs, qualités apparentes des corps, etc., ne sont autre chose que des *formes*. Ces formes entrent dans votre pensée par la porte des yeux et des oreilles, de l'odorat et du goût, et vous représentent des apparences, mais non pas l'essence même des choses... *La réalité échappe entièrement à votre esprit, et vous êtes tout à fait incapable de comprendre l'univers....* Mais je reconnais au trouble intime de votre encéphale et aux agitations fluidiques qui traversent vos lobes cérébraux que vous ne comprenez plus absolument rien à mes révélations. Je ne poursuivrai donc pas plus avant ce sujet, dont l'établissement avait simplement pour but de vous montrer combien profonde serait votre erreur d'attacher de l'importance aux difficultés issues de votre sensation terrestre, et de vous laisser sentir que ni vous, ni aucun homme sur la Terre ne peut se former une idée même approchée de la réalité de l'univers. L'homme terrestre n'est qu'un homuncule.

Ah! si vous connaissiez les organismes qui

vibrent sur Jupiter ou sur Uranus, s'il vous avait
été donné d'apprécier les sens en action sur Vénus
et sur l'anneau de Saturne, si quelques siècles de
voyage vous avaient permis d'effleurer seulement
l'observation des formes de la vie dans les systèmes d'étoiles, des sensations de la vue dans les
soleils colorés, des impressions d'un sens électrique que vous ne connaissez pas dans les groupes
de soleils multiples; si une comparaison ultra-
terrestre, en un mot, vous avait fourni les éléments
d'une connaissance nouvelle, vous comprendriez
que des êtres vivants puissent voir, entendre,
sentir, ou pour mieux dire connaître la nature,
sans yeux, sans oreilles, sans odorat; qu'un nombre indéterminé d'autres sens existe dans la nature, sens essentiellement différents des vôtres,
et qu'il y a dans la création un nombre incalcu-
lable de faits merveilleux qu'il vous est actuellement impossible d'imaginer. Dans cette contemplation générale de l'univers, mon ami, on aperçoit
la solidarité qui réunit le monde physique au
monde spirituel; on saisit de plus haut la force intime qui élève certaines âmes éprouvées par les
grossièretés de la matière, mais épurées par le
sacrifice, vers les régions solennelles de la lumière
spirituelle; et l'on comprend quel immense bon-

heur est réservé à ces êtres qui, sur la Terre même, sont parvenus à s'affranchir progressivement des passions corporelles.

Quærens. — Pour en revenir à la transmission de la lumière dans l'espace, est-ce que cette lumière ne se perd pas à la fin? est-ce que l'aspect de la Terre reste éternellement visible et ne s'atténue pas, au contraire, en raison du carré de la distance pour s'anéantir à un certain terme?

Lumen. — Vos expressions « à la fin » n'ont pas d'application; attendu qu'il n'y a pas de fin dans l'espace. La lumière s'atténue, il est vrai, dans la distance, les aspects deviennent moins intenses, mais rien ne se perd entièrement. La Terre n'est pas visible pour tous les yeux à une certaine distance; mais son aspect existe lors même qu'on ne le voit point, et des vues spirituelles peuvent le distinguer. Au surplus, l'image d'un astre, portée sur l'aile de la lumière, s'éloigne parfois à d'insondables profondeurs dans les obscurs déserts du vide. Il y a dans l'espace de vastes régions sans étoiles, pays décimés par le temps, d'où les mondes se sont successivement éloignés par l'attraction de foyers extérieurs. Or, l'image d'un astre, en traversant ces noirs abîmes, se trouve dans une condition analogue à l'image d'une personne ou d'un objet que le photographe a amenée dans sa *chambre obscure*. Il n'est pas impossible que ces images rencontrent dans ces vastes espaces un astre obscur (la mécanique céleste a constaté l'existence de plusieurs), de condition particulière, dont la surface (formée d'iode peut-être, si l'on en croit l'analyse spectrale), serait sensibilisée et capable de fixer sur elle-même l'image du monde lointain. Ainsi viendraient se peindre les événements terrestres sur un globe obscur. Et si ce globe tourne sur lui-même, comme les autres corps célestes, il présentera successivement ses différentes zones à l'image terrestre et prendra de la sorte la photographie continue des événements successifs. De plus, en descendant ou en montant suivant une ligne perpendiculaire à son équateur, la ligne où les images se reproduiraient décrirait non plus un cercle, mais une spirale, et, après le premier mouvement de rotation achevé, les images nouvelles ne coïncideraient pas avec les anciennes et ne se superposeraient pas, mais se suivraient au-dessus ou au-dessous. L'imagination pourrait maintenant supposer que ce monde n'est pas sphérique, mais cylindrique, et voir ainsi dans l'espace une colonne impérissable sur laquelle se graveraient et s'enrouleraient d'eux-mêmes les grands événements de l'histoire terrestre... Je n'ai pas vu moi-même cette réalisation ; j'ai quitté la Terre depuis si peu de temps que c'est à peine si j'ai effleuré l'aspect de première vue des merveilles célestes. Je m'assurerai prochainement si ce fait n'est pas réalisé dans la richesse infinie des créations astrales.

Quærens. — Si le rayon parti de la Terre n'est jamais *détruit*, ô maître ! nos actions sont donc éternelles ?

Lumen. — Vous l'avez dit. Un acte accompli ne peut plus être effacé, et nulle puissance ne peut faire qu'il ne soit plus. Un crime se commet au sein d'une campagne déserte. Le criminel s'éloigne, reste inconnu et suppose que l'acte qu'il vient de commettre est *passé* pour toujours. Il a lavé ses mains, il s'est repenti, il croit son action *effacée*. Mais en réalité rien n'est détruit. Au moment où cet acte fut accompli, la lumière l'a saisi et l'a emporté dans le ciel avec la rapidité de l'éclair. Il est incorporé dans un rayon de lumière : éternel, il se transmettra éternellement dans l'infini...

Voici une bonne action faite à l'écart ; le bien-

faiteur la tient cachée : la lumière s'en est empa-
rée. Loin d'être oubliée, elle subsistera toujours.

Napoléon a causé volontairement, pour satis-
faire son ambition personnelle, la mort de cinq
millions d'hommes, âgés de trente ans en
moyenne, et qui avaient par conséquent trente-
sept ans à vivre encore, d'après le calcul des probabilités et les lois de la vie. C'est donc cent
quatre-vingt-cinq millions d'années qu'il a détruites. Son châtiment, son expiation, est d'être
emporté par le rayon de lumière qui est parti des
plaines de Waterloo le 18 juin 1815, de s'éloigner dans l'espace avec la vitesse même de la
lumière, d'avoir constamment dans sa vue l'instant critique où il vit s'écrouler à jamais l'écha-
faudage de sa vanité, d'en ressentir sans trêve la
douleur du même désespoir, et de rester attaché à
ce rayon de lumière pendant les cent quatre-
vingt-cinq millions d'années détruites dont il est
responsable. En agissant ainsi, au lieu de remplir
dignement sa mission, il a retardé de toute cette
durée son progrès dans la vie spirituelle.

Et s'il vous était donné d'entrevoir ce qui se
passe dans l'ordre moral, aussi clairement que
vous entrevoyez maintenant ce qui se passe dans
l'ordre physique, vous reconnaîtriez des vibrations

et des transmissions d'une autre nature, qui fixent dans les arcanes du monde spirituel les actions et même les pensées les plus secrètes.

QÆRENS. — Vos révélations sont effrayantes, ô Lumen ! Ainsi, nos destinées éternelles sont intimement liées à la construction même de l'univers. J'ai pensé parfois au problème spéculatif de la communication possible entre les mondes à l'aide de la lumière. Plusieurs physiciens ont supposé qu'il serait peut-être possible un jour d'établir une communication entre la Terre et la Lune, et même les planètes, à l'aide de signes lumineux. Mais si l'on pouvait se faire des signes de la Terre à une étoile dont la lumière emploie par exemple cent ans à nous parvenir, le signe de la Terre n'arriverait à son adresse qu'après cet intervalle, et la réponse n'en reviendrait ici qu'après une même durée. Il s'écoulerait donc deux siècles entre la question et la réponse L'observateur terrestre serait mort depuis longtemps quand son signe arriverait à l'observateur sidéral, et celui-ci aurait sans doute subi le même sort quand sa réponse serait reçue !... .

LUMEN. — Ce serait là, en effet, une conversation entre des vivants et des morts.

QUÆRENS. — Me pardonnerez-vous, maître,

une dernière question un peu indiscrète... une dernière, car je vois Vénus pâlir, et je sens que votre voix va cesser de se faire entendre?

Si les actions sont de la sorte visibles des régions éthérées, nous pouvons voir après notre mort, non-seulement nos propres actions, mais encore celles des autres; j'entends celles qui nous intéressent.

Par exemple, un couple d'âmes jumelles et toujours unies aimera revoir pendant mille ans les douces heures passées ensemble sur la Terre; elles s'éloigneront dans l'espace avec une vitesse égale à celle de la lumière, pour avoir toujours sous les yeux la même heure de bonheur. Dans un autre sens, un mari suivra avec intérêt la vie entière de sa compagne, et dans le cas où quelque particularité inattendue se montrerait, il pourra examiner à loisir les détails qui lui seraient sensibles... Il pourrait même, si sa compagne désincarnée résidait en quelques régions voisines, l'appeler pour observer en commun ces faits rétrospectifs. Aucune négation ne saurait être admise devant le flagrant témoignage... Peut-être les esprits se donnent-ils ainsi le spectacle de quelques faits intimes?

LUMEN. — Dans le ciel, ô mon terrestre ami, on apprécie peu ces souvenirs de l'ordre matériel, et je m'étonne que vous en soyez encore là vous-même. Le caractère qui doit particulièrement vous frapper dans l'ensemble des faits qui constituent ces deux entretiens-ci, c'est qu'en vertu des lois de la lumière, nous pouvons voir les faits après qu'ils se sont passés, et lorsqu'ils sont évanouis en réalité.

QUÆRENS. — Croyez bien, maître! que cette vérité ne s'effacera plus de ma mémoire. C'est précisément ce point qui m'a le plus émerveillé. Oubliez ma digression précédente. A vous dire vrai, ce qui surpassa le plus mon imagination, dès votre premier entretien, ce fut de penser que la durée du voyage de l'esprit est non-seulement nulle, négative, mais encore *rétrograde!* « Temps rétrograde! » ces deux mots doivent être singulièrement surpris de se trouver ensemble. Ose-t-on le croire? Vous partez aujourd'hui pour une étoile, et vous arriverez hier! Que dis-je, hier? Vous arriverez *il y a* soixante-douze ans! Vous arriverez *il y a* cent ans! Plus vous irez loin, et plus tôt vous arriverez! Il faudrait refaire la grammaire.

LUMEN. — C'est incontestable. Parlant en style terrestre, il n'y a pas d'erreur à s'exprimer ainsi, puisque la Terre n'est qu'en 1793, etc., pour le monde où nous abordons. Vous avez, du reste,

sur votre globule même, certains paradoxes apparents qui, de loin, donnent une idée de celui-là.
Par exemple, celui de la dépêche télégraphique
qui, envoyée de Paris à midi, arrive à Brest à midi
moins vingt minutes.

Mais ce ne sont pas les applications particulières
ou les aspects curieux qu'il importe pour vous de
garder en votre esprit ; mais bien la *révélation*
dont ils ne sont que la forme, et la métaphysique
dont ils ne sont que l'expression sensible. Sachez
que le temps n'est pas une réalité absolue, mais
seulement une mesure transitoire causée par les
mouvements de la Terre dans le système solaire.
Considéré par les yeux de l'âme et non par ceux du
corps, ce tableau non fictif, mais réel, de la vie humaine, telle qu'elle fut, sans dissimulation possible, touche, par un côté, au domaine de la théolo-
gie, en ce qu'il explique physiquement un mystère
encore inexpliqué : celui du « jugement particulier, » et par nous-mêmes, de chacun de nous après
la mort. Au point de vue de l'ensemble, le présent
d'un monde n'est plus une actualité momentanée
qui disparaît aussitôt apparue, ce n'est plus seulement un aspect sans consistance, une porte par
laquelle le passé se précipite incessamment vers
l'avenir, un plan mathématique dans l'espace.

C'est, au contraire, une réalité effective qui s'éloigne de ce monde avec la vitesse de la lumière, et s'enfonçant éternellement dans l'infini, demeure ainsi un *présent éternel*.

La réalité métaphysique de ce vaste problème est telle, que l'on peut concevoir maintenant l'omniprésence du monde en toute sa durée. Les événements s'évanouissent pour le lieu qui les a fait naître, mais demeurent dans l'espace. Cette projection successive et sans fin de tous les faits accomplis sur chacun des mondes, s'effectue dans le sein de l'*Être infini*, dont l'ubiquité tient ainsi chaque chose dans une permanence éternelle.

Les événements qui se sont accomplis à la surface de la Terre, depuis son origine, sont visibles dans l'espace à des distances d'autant plus éloignées qu'ils sont plus reculés. Toute l'histoire de la Terre, et la vie de chacun de ses habitants pourraient donc être vues à la fois par un regard qui embrasserait tout cet espace. Nous comprenons optiquement par là que Dieu, présent partout, voie tout le passé dans un même moment.

Ce qui est vrai de notre Terre est vrai de tous les mondes de l'espace. Ainsi l'histoire entière de tous les univers peut être présente à la fois dans l'universelle ubiquité du Créateur.

Je puis ajouter que Dieu connaît tout le passé, non-seulement par cette vue directe, mais encore par la connaissance de chaque chose présente. Si un naturaliste tel que Cuvier a su reconstruire des espèces animales disparues à l'aide d'un fragment d'ossement, l'Auteur de la nature connaît par la Terre actuelle la Terre passée, le système planétaire et le soleil du passé, et toutes les conditions de température, d'agrégations, de formations par lesquelles les éléments sont arrivés à former les composés existant actuellement.

D'autre part, l'avenir peut être aussi complétement présent à Dieu dans ses germes actuels que le passé l'est dans ses fruits. Chaque événement est lié d'une manière indissoluble avec le passé et l'avenir. L'avenir sera aussi inévitablement amené par le présent, en est aussi logiquement déductible, et y existe aussi exactement que le passé lui-même y est inscrit pour qui saurait l'y reconnaître.

Mais, je le répète, le point capital de ce récit, c'est de savoir, c'est de comprendre, que la vie passée des mondes et des êtres est toujours visible dans l'espace, grâce à la transmission successive de la lumière à travers les vastes régions de l'infini.

QUATRIÈME RÉCIT

QUATRIEME RÉCIT[1]

ANTERIORES VITÆ

QUÆRENS. — Depuis le jour où s'est passé notre dernier entretien mystique, ô Lumen, deux années se sont écoulées. Durant cette période, insensible pour vous, habitant de l'espace éternel, mais très-sensible pour nous autres terriens, j'ai bien souvent élevé ma pensée vers les grands problèmes auxquels vous m'avez initié, et de nouveaux horizons se sont développés devant le regard de mon âme. Sans doute aussi, depuis votre départ de la Terre, vos observations et vos études n'ont fait que s'accroître sur un champ de recherches de plus en plus vaste. Sans doute aussi, vous avez des merveilles sans nombre à livrer maintenant à mon intelligence mieux préparée. Oh! si j'en suis digne et si je puis les comprendre, faites-moi le récit, ô Lumen, des voyages célestes qui ont emporté votre esprit vers les sphères su-

---

1. Écrit en 1869.

périeures, des vérités inconnues qu'ils vous ont révélées, des grandeurs qu'ils vous ont ouvertes, des principes qu'ils vous ont enseignés sur le mystérieux sujet de la destinée des hommes et des êtres.

LUMEN. — J'ai préparé votre âme, mon cher et vieil ami, à recevoir ces impressions étranges que nul spectacle terrestre n'a produites et ne saurait produire. Il est néanmoins absolument nécessaire que vous rendiez actuellement votre esprit entièrement libre de tout préjugé terrestre. Ce que je vais vous apprendre vous étonnera, mais recevez-le d'abord avec attention, comme une vérité constatée et non pas comme un roman. C'est un premier effort que je réclame de votre ardeur studieuse. Lorsque vous aurez compris, — et vous comprendrez, si vous apportez ici un esprit mathématique et une âme libre, — vous concevrez que tous les faits qui constituent notre existence ultra-terrestre sont non-seulement possibles, mais encore réels, et de plus en harmonie intime avec nos facultés intellectuelles déjà manifestées sur cette Terre.

QUÆRENS. — Soyez assuré, ô Lumen, que j'apporte ici un esprit libre, dégagé de toute passion, et disposé ardemment à entendre ces merveilles que l'oreille humaine n'a point encore entendues.

Lumen. — Les événements qui feront l'objet de ce récit n'ont pas seulement la Terre et les astres voisins pour objet ; mais ils s'étendent sur les champs immenses de l'astronomie sidérale, et nous en feront connaître les merveilles. Leur explication sera dénouée, comme celle des précédents, par l'étude de *la lumière*, pont magique jeté d'un astre à l'autre, de la Terre au Soleil, de la Terre aux étoiles, — de *la lumière* mouvement universel qui remplit les espaces, soutient les mondes sur leurs orbites, et constitue la vie éternelle de la nature. Prenez donc soin de vous remettre de suite sous les yeux *la marche successive de la lumière dans l'espace.*

Quærens. — Je sais que la lumière, cet agent quelconque, par lequel les objets sont rendus visibles à nos yeux, ne se transmet pas instantanément d'un point à un autre, mais successivement, comme tout mobile. Je sais qu'elle vole en raison de 77,000 lieues par seconde, parcourt 770,000 lieues en 10 secondes et 4,620,000 en chaque minute. Je sais qu'elle emploie plus de 8 minutes à franchir la distance moyenne de 37 millions de lieues qui nous sépare du Soleil. L'astronomie moderne nous a rendu ces choses familières.

Lumen. — Et vous vous représentez exactement son mouvement ondulatoire?

Quærens. — Je le crois. Je le compare volontiers
à celui du son, quoiqu'il s'accomplisse sur une
échelle incomparablement plus vaste. Ondulations
par ondulations, le son se propage dans l'air.
Quand les cloches sonnent en volée, leur mugis-
sement sonore, qui est entendu au moment même
où frappe le battant de la cloche par ceux qui
habitent autour de l'église, n'est entendu qu'une
seconde après par ceux qui habitent à 3 hectomètres
et demi, 2 secondes après par ceux qui demeurent
à près de 7 hectomètres, 3 secondes plus tard par
ceux qui sont à la distance de 1 kilomètre de
l'église. Ainsi le son n'arrive que successivement
d'un village à l'autre, aussi loin qu'il puisse porter. De même la lumière ne passe que successivement d'une région plus voisine à une région plus
lointaine de l'espace, et s'éloigne ainsi sans s'é-
teindre à des distances qui tiennent de l'infini. Si
nous pouvions voir de la Terre un événement qui
s'accomplisse sur la Lune; si, par exemple, nous
avions d'assez bons instruments pour apercevoir
d'ici un fruit tombant d'un arbre à la surface de
la Lune; nous ne verrions pas ce fait *au moment
même* où il se produit, mais une seconde un tiers

après, parce que, pour venir de la distance de la Lune, la lumière emploie une seconde et un tiers environ. Si nous pouvions voir également un fait s'accomplissant sur un monde situé dix fois plus loin que la Lune, nous ne le verrions que 13 secondes après qu'il se serait réellement passé. Si ce monde était mille fois plus loin que la Lune, nous ne verrions le fait que 130 secondes après qu'il se serait réellement passé ; mille fois plus loin, nous ne le verrions que 1,300 secondes ou 21 minutes 40 secondes après. Et ainsi de suite, selon les distances.

LUMEN. — C'est exact, et vous savez que c'est pour cette raison que le rayon lumineux envoyé de l'étoile *Capella* à la Terre emploie 72 ans à y arriver. Si donc nous recevons seulement aujourd'hui l'aspect lumineux de l'étoile parti de sa surface il y a 72 ans, réciproquement les habitants de Capella ne voient aujourd'hui que la Terre d'il y a 72 ans. La Terre réfléchit dans l'espace la lumière qu'elle reçoit du Soleil, et, de loin, paraît brillante comme vous le paraissent Vénus et Jupiter, planètes éclairées par le même Soleil qui l'éclaire elle-même. L'aspect lumineux de la Terre, sa photographie, voyage dans l'espace à raison de 77,000 lieues par seconde, et n'arrive à la dis-

tance de l'étoile Capella qu'après **72** ans de marche incessante. Je vous rappelle ces éléments, afin
que, les ayant bien clairement et bien solidement
fixés dans l'esprit, vous soyez apte à comprendre
sans peine les faits qui me sont arrivés dans
ma vie ultra-terrestre depuis notre dernier entretien.

QUÆRENS. — Ces principes d'optique sont clairement établis pour moi. Le lendemain de votre
mort, en octobre 1864, lorsque vous vous trou-
vâtes, comme vous me l'avez confié, rapidement
transporté sur Capella, vous fûtes tout étonné d'y
arriver au moment où les astronomes philosophes
du pays observaient la Terre de 1793, et l'un des
actes les plus hardis de la Révolution française.

Vous ne fûtes pas moins surpris de vous revoir bientôt vous-même enfant, courant dans les
rues de Paris. En vous rapprochant de la Terre à
une distance moindre que celle de Capella, vous
vous placiez dans la zone où arrivait la photographie terrestre partie à l'époque de votre enfance,
et vous vous revoyiez à l'âge de six ans, non pas
en souvenir, mais en réalité. De vos récits antérieurs c'est celui que j'eus le plus de difficulté à
croire, c'est-à-dire à comprendre et à saisir exactement.

Lumen. — Celui que je veux vous faire maintenant concevoir est bien plus surprenant encore. Mais il était nécessaire d'avoir admis le premier pour entendre efficacement celui-ci. En partant de Capella et en me rapprochant de la Terre, j'ai revu mes 72 ans d'existence terrestre, ma vie entière, directement, telle qu'elle s'est passée ; car, en me rapprochant de la Terre, j'allais au-devant des zones successives d'aspects terrestres qui portaient dans l'étendue l'histoire visible de notre planète, y compris celle de Paris et de ma personne qui s'y trouvait. Parcourant rétrospectivement en un jour le chemin que la lumière emploie 72 ans à franchir, j'avais revu ma vie entière en un jour, et j'arrivais pour mon enterrement.

Quærens. — C'est comme si, revenant de Capella sur la Terre, vous aviez trouvé sur votre chemin 72 photographies échelonnées d'année en année. La plus éloignée de la Terre, la plus anciennement partie, celle qui était à la distance de Capella, montrait 1793 ; la seconde, partie un an après, et non encore arrivée à Capella, contenait 1794 ; la dixième, 1803 ; la trente-sixième, arrivée à moitié chemin, donnait 1829 ; la cinquantième, 1843 ; la soixante-douzième, 1865.

Lumen. — Il est impossible de mieux saisir cette réalité, qui semble mystérieuse et incompréhensible au premier abord. Maintenant je puis vous raconter ce qui m'est arrivé sur Capella après avoir revu mon existence terrestre.

I

Tandis que j'étais, il y a peu de temps encore
(mais je ne sais plus exprimer ce temps en rota-
tions terrestres), occupé, au sein d'un mélancolique paysage de Capella et à l'entrée d'une nuit
transparente, à contempler le ciel étoilé, et dans
ce ciel l'étoile qui est votre soleil terrestre, et dans
le voisinage de cette étoile la petite planète azurée
qui est votre terre; tandis que j'observais l'une
des scènes de ma première enfance : ma jeune
mère assise au milieu d'un jardin, portant un
enfant de quelques mois dans ses bras (mon frère),
ayant à côté d'elle une petite fille qui ne comptait
encore que deux printemps (ma sœur), et un petit
garçon qui en comptait deux de plus (moi-même);
tandis que je me voyais à cet âge où l'homme n'a
pas encore conscience de son existence intellectuelle et porte néanmoins dans son front le germe
de sa vie entière; tandis que je songeais à cette
singulière réalité qui *me* montrait à moi-même à
l'entrée de ma carrière terrestre, je sentis mon

attention détournée de votre planète par un pouvoir supérieur, et mes regards se diriger vers un autre point du ciel qui, en ce moment même, me parut rattaché à la Terre et à ma carrière terrestre par quelque lien occulte. Je ne pus m'empêcher de laisser ma vue attachée sur ce nouveau point du ciel; je ne sais quel pouvoir magnétique l'y enchaînait. Plusieurs fois, j'essayai de retirer mes regards et de les ramener vers la Terre que j'aime toujours, mais obstinément ils revenaient à l'étoile inconnue.

Cette étoile, sur laquelle ma vue cherchait ainsi instinctivement à deviner quelque chose, fait partie de la constellation de *la Vierge*, astérisme dont la forme varie un peu vue de Capella. C'est une étoile double, c'est-à-dire une association de deux soleils, l'un d'une blancheur argentine, l'autre d'un jaune d'or vif, qui tournent l'un autour de l'autre en une révolution de cent cinquante-neuf ans. On voit cette étoile à l'œil nu de la Terre, et elle est inscrite sous la lettre γ (*Gamma*) de la constellation de la Vierge. Autour de chacun des soleils qui la constituent, il y a un système planétaire. Ma vue se fixa sur l'une des planètes du soleil d'or.

Sur cette planète, il y a des végétaux et des animaux comme sur la Terre; leurs formes se rapprochent des formes terrestres, quoiqu'au fond les organismes y soient établis sur un mode bien différent. Il y a un règne animal analogue au vôtre, des poissons dans leurs mers et des quadrupèdes dans leur atmosphère, où les hommes peuvent aussi voler, mais sans ailes, en raison de la densité très-élevée de cette atmosphère. Les hommes de cette planète présentent à peu près la forme humaine terrestre. Quoique leur crâne soit privé de chevelure; qu'ils aient aux mains trois pouces opposables, larges et minces, au lieu de cinq doigts, et trois orteils au talon au lieu de la plante des pieds; les extrémités des bras et des jambes souples comme du caoutchouc; ils ont néanmoins deux yeux, un nez et une bouche, ce qui rapproche leur visage des visages terrestres. Ils n'ont pas deux oreilles de chaque côté de la tête, mais seulement une, en forme de pavillon conique, plantée sur la partie supérieure du crâne, comme un petit chapeau. Ils y vivent en société et ne vont point nus. Vous voyez qu'en somme ils diffèrent peu extérieurement des habitants de la Terre.

QUÆRENS. — Il y a donc sur les autres mondes des êtres bien différents de nous, pour que ceux-ci, malgré ces dissemblances, méritent de nous être comparés?

Lumen. — Une distinction profonde, inimaginable pour .vous, sépare en général les formes animées des différents globes. *Ces formes sont le résultat des éléments spéciaux à chaque globe et des forces qui le régissent :* matière, densité, pesanteur, chaleur, lumière, électricité, atmosphère, etc., diffèrent essentiellement d'un monde à l'autre. Dans un même système, ces formes diffèrent déjà. Ainsi, les hommes de Saturne et de Mercure ne ressemblent en rien aux hommes de la Terre ; celui qui les verrait pour la première fois ne reconnaîtrait en eux ni tête, ni membres, ni sens. Ceux du système planétaire de la Vierge vers laquelle mes regards étaient attachés avec une persistance toute passive se rapprochent au contraire, par leur forme, des habitants du globe terrestre. Ils s'en rapprochent également par leur état intellectuel et moral. Un peu inférieurs à nous, ils sont situés sur les degrés de l'échelle des âmes qui précèdent immédiatement le degré auquel l'humanité terrestre appartient dans son ensemble.

Quærens. — L'humanité terrestre n'est pas homogène dans sa valeur intellectuelle et morale, mais me paraît fort diversifiée. Nous différons beaucoup en Europe des tribus de l'Abyssinie et des sauvages des îles Océaniennes. Quel peuple prenez-vous comme type du degré de l'intelligence sur la Terre?

LUMEN. — Le peuple arabe. Il est capable de produire des Kepler, des Newton, des Galilée, des Archimède, des Euclide, des d'Alembert; d'autre part, il touche par ses racines aux hordes primitives attachées au roc de granit. Mais il n'est pas nécessaire de choisir ici un peuple pour type. Il est préférable de considérer l'ensemble de la civilisation moderne. D'ailleurs, il n'y a pas autant de distance que vous paraissez le supposer entre l'entendement d'un nègre et l'entendement d'un cerveau de la race latine. Quoi qu'il en soit, s'il vous faut absolument une comparaison, je puis vous dire que les hommes de cette planète de la Vierge sont à peu près dans la situation intellectuelle des peuples arabes et des peuples scandinaves.

La différence la plus essentielle qui existe entre ce monde et la Terre, c'est qu'il n'y a pas de sexe, ni dans les plantes, ni dans les animaux, ni dans l'humanité. La génération des êtres s'y effectue spontanément, comme le résultat naturel de certaines conditions physiologiques réunies en certaines îles fertiles de la planète, et les hommes ne

se forment pas dans le ventre d'une mère comme
ici. Vous expliquer le procédé serait inutile, attendu que vous ne pouvez juger et comprendre
que par vos idées terrestres, dont les faits de cette
planète sont absolument distincts. Le résultat de
cette situation organique est que le mariage
n'existe sous aucune forme sur ce monde, et que
les amitiés entre les humains n'y sont jamais
mélangées des attractions charnelles qui se ma-
nifestent toujours ici, même dans les rapports
amicaux les plus purs, entre deux personnes de
différent sexe.

Attirés, comme je vous l'ai dit, vers cette planète lointaine, les regards de mon âme examinè-
rent attentivement sa surface. Ils s'attachèrent
en particulier, et sans que j'en connusse la raison
prédominante, sur une ville blanche, ressemblant
de loin à une région couverte de neige, mais il
est bien probable que ce n'était point là de la neige,
car il est invraisemblable que l'eau puisse exister
sur ce globe dans les mêmes états chimiques et
physiques que sur la Terre. Sur la lisière de cette
ville, une avenue conduisait à un bois voisin,
formé d'arbres jaunes. Je ne tardai pas à remarquer spécialement dans cette avenue trois
personnes qui paraissaient se diriger lentement

vers le bois. Ce petit groupe était formé de deux amis qui semblaient causer intimement ensemble, et d'un être différent d'eux par son costume rouge et son chargement, qui devait être soit leur serviteur, soit leur esclave, soit leur animal domestique.

Tandis que je regardais avec curiosité les deux personnages principaux, celui de droite éleva son visage vers le ciel, comme si on l'eût appelé du haut d'un ballon, et fixa ses yeux précisément vers Capella, étoile que sans doute il ne voyait pas, puisque cette scène se passait pendant le jour pour lui. Oh! mon vieil ami, jamais je n'oublierai l'impression soudaine que me causa cette vue... Je ne puis encore m'en croire moi-même quand j'y songe...

Cet homme de la planète de la Vierge qui me regardait sans s'en douter, c'était... oserai-je vous le dire sans autre préambule? eh bien : c'était *moi*...

Quærens. — Comment *vous?*

Lumen. — Moi-même, en personne. Je me reconnus instantanément, et vous pouvez juger de ma surprise!

Quærens. — Sans doute! A ce point même que je n'y comprends absolument rien.

Lumen. — Le fait est que c'est là une situation

tout à fait nouvelle et qui demande à être expliquée.

C'était moi, en vérité, et je ne tardai pas à reconnaître non-seulement mon visage et ma forme d'autrefois, mais encore, dans la personne qui marchait à côté de moi, un ami intime, mon cher Kathleen, qui fut le compagnon de mes études sur cette planète. Je suivis du regard jusqu'au bois doré, à travers des vallons délicieux ombragés de coupoles d'or, des arbres couverts de larges rameaux aux nuances orangées et des charmilles aux feuilles d'ambre ! Une source murmurante gazouillait sur le sable fin, et nous nous assîmes à ses bords. Je me souviens des douces heures que nous avons passées ensemble, des belles années écoulées sur cette terre lointaine, de nos confidences toutes fraternelles, des impressions communes que nous ressentions ensemble devant les beaux paysages du bois, devant les plaines silencieuses, les collines vaporeuses, les petits lacs qui sourient au ciel. Nos aspirations s'élevaient vers la grande et sainte nature, et nous adorions Dieu dans ses œuvres. Avec quel bonheur je revis cette phase de ma précédente existence, et renouai la chaîne d'or interrompue par la Terre !...

En vérité, mon cher Quærens, c'est bien moi qui vivais alors sur cette planète de la Vierge. Je me voyais réellement, et je pouvais continuer d'observer la série de mes actions et revoir directement les meilleurs moments de cette existence déjà lointaine. D'ailleurs, si j'avais douté de mon identité, l'incertitude aurait été levée pendant mon observation elle-même, car tandis que je me considérais, je vis sortir du bois et venir à ma rencontre mon frère de cette existence, Berthor, qui vint se mêler à notre conversation au bord de la source murmurante.

Quærens. — Maître, je ne comprends toujours pas de quelle manière vous pouviez vous voir ainsi réellement sur cette planète de la Vierge. Aviez-vous donc le don d'ubiquité? Pouviez-vous être, comme François d'Assise ou Apollonius de Tyane, en deux endroits à la fois?

Lumen. — Aucunement. En examinant les coordonnées astronomiques du soleil Gamma de la Vierge, en connaissant sa parallaxe, vue de Capella, j'arrivai à constater que la lumière de ce soleil ne pouvait employer moins de 172 ans à traverser la distance qui le sépare de Capella.

Je recevais donc actuellement (style terrestre : en 1869) le rayon lumineux parti de ce monde il y a 172 ans (style terrestre : en 1697). Or, il se trouve qu'à cette époque je vivais précisément sur la planète dont il s'agit, et que déjà j'étais dans ma vingtième année.

En vérifiant les âges et en comparant les différents styles planétaires, j'ai reconnu, en effet, que j'étais né sur ce monde de la Vierge l'an 45904 (qui correspond à l'année 1677 de l'ère chrétienne terrestre), et mort d'accident en l'an 45913, qui correspond à l'année 1767. Chaque année de cette planète égale dix des nôtres. Au moment où je me voyais comme je viens de vous le rapporter, je paraissais âgé de vingt ans, terrestrement parlant, Mais en style de cette planète, je n'avais que deux ans : on y atteint souvent l'âge de 15 ans, qui passe pour être la limite de la vie sur ce globe, et qui équivaut à 150 années terrestres.

Le rayon lumineux, ou, pour parler plus exactement, l'aspect, la photographie de ce monde de la Vierge employant 172 années terrestres à traverser l'immense étendue qui le sépare de Capella, il en résulte que, me trouvant sur ce dernier astre, je recevais seulement maintenant l'image partie 172 ans auparavant de la constellation de la Vierge. Et, quoique les choses aient bien changé depuis, que bien des générations s'y soient succédé, que j'y sois mort moi-même et que j'aie eu depuis cette époque le temps de renaître une nouvelle fois et de vivre 72 années sur la Terre, néanmoins la lumière avait employé tout ce temps à parcourir son trajet de la Vierge à Capella, et m'apportait des impressions fraîches de ces évéments disparus.

Quærens. — Cette durée du trajet de la lumière étant démontrée, je n'ai rien à objecter sur ce point. Je ne puis m'empêcher d'avouer cependant qu'une telle singularité dépasse tout ce que je pouvais attendre de la faculté créatrice de l'imagination !

Lumen. — Il n'y a point ici d'imagination, mon vieil ami. Il n'y a qu'une réalité éternelle et sacrée, qui a sa place respectable dans le plan de la création universelle. La lumière de chaque astre, directe ou réfléchie, autrement dit l'aspect de chaque soleil et de chaque planète, se répand dans l'espace suivant une vitesse de 77,000 lieues par seconde, et le rayon lumineux contient en lui-même tout ce qui est visible. Comme rien ne se perd, l'histoire de chaque monde, contenue dans la lumière qui en émane incessamment et successivement, traverse éternellement l'espace infini, sans jamais pouvoir être anéantie. L'œil terrestre n'y saurait lire. Mais il y a des yeux supérieurs aux yeux terrestres. D'ailleurs, même sur la Terre, lorsque vous examinez au télescope, ou mieux encore, au spectroscope, la nature d'une étoile, vous savez bien que ce n'est pas sa nature actuelle que vous avez sous les yeux, mais son passé, que vous transmet un rayon de lumière parti de là il y a cent mille ans peut-être... Vous n'ignorez pas non plus qu'un certain nombre d'astres dont vous autres astronomes de la Terre cherchez actuellement à déterminer les éléments physiques et numériques, et qui brillent avec éclat sur vos têtes, peuvent fort bien ne plus exister depuis le commencement du monde terrestre.

Quærens. — Nous le savons. Ainsi vous avez vu se dérouler sous vos yeux votre avant-dernière existence 172 ans après qu'elle s'était écoulée.

Lumen. — Ou plutôt une phase de cette existence. Mais j'aurais pu, et je pourrais évidemment la revoir tout entière en me rapprochant de cette planète, comme je l'ai fait pour mon existence terrestre.

Quærens. — De sorte que vous avez revu dans la lumière vos deux dernières incarnations?

Lumen. — Exactement, et qui plus est, je les ai vues et je les vois encore ensemble, *simulta nément*, l'une à côté de l'autre en quelque sorte.

QUÆRENS. — Vous.les revoyez *en même temps ?*

LUMEN. — Le fait est facile à comprendre. La lumière de la Terre met 72 ans à venir à Capella. La lumière de la planète de la Vierge, presque une fois et demie plus distante de Capella, emploie 172 ans. Comme je vivais il y a 72 ans sur la Terre, et cent ans auparavant sur l'autre planète, ces deux époques m'arrivent précisément *ensemble* sur Capella. J'ai donc devant moi, en regardant simplement ces deux mondes, mes deux dernières existences, qui s'y déroulent naturellement, comme si je n'étais pas ici pour les voir, et sans que je puisse rien changer aux actes que je me vois sur le point d'accomplir dans l'une comme dans l'autre, puisque ces actes, quoique présents et futurs pour mon observation actuelle, sont passés en réalité.

QUÆRENS. — Etrange ! en vérité ! Bien étrange !

LUMEN. — Ce qui me frappa le plus dans cette observation inattendue de mes deux dernières existences se déroulant ensemble et présentement pour moi sur deux mondes différents, et ce qui surprit le plus singulièrement mon attention, c'est que ces deux existences se ressemblent de la façon la plus bizarre. Je vois que j'ai eu à peu près les mêmes goûts dans l'une que dans l'autre, les mêmes passions, les mêmes erreurs. Ni criminel, ni saint, dans l'une comme dans l'autre. De plus (coïncidence extraordinaire!) j'ai vu dans la première des paysages analogues à ceux que j'ai vus sur la Terre. Ainsi j'ai l'explication d'un goût inné que j'ai apporté, en venant au monde terrestre, pour la poésie du nord, pour les récits d'Ossian, pour les paysages rêveurs d'Irlande, les montagnes et les aurores boréales. L'Écosse, la Scandinavie, la Suède, la Norwége avec ses fiords, le Spitzberg avec ses solitudes m'attiraient. Les vieilles tours ruinées, les rochers et les gorges sauvages, les sapins sombres sous lesquels murmure le vent du nord, tout cela me paraissait sur la Terre avoir quelque rapport caché avec mes pensées intimes. Quand j'ai vu l'Irlande, il m'a semblé y avoir déjà vécu. Quand j'ai fait pour la première fois l'ascension du Rigi et du Finsteraarhorn et que j'ai assisté au lever splendide du soleil sur les sommets neigeux des Alpes, il m'a semblé avoir déjà vu cela dans le temps. Le spectre du Brocken ne m'a pas paru nouveau. C'est que j'avais habité pendant cinquante ans des régions analogues sur la planète de la Vierge. Même vie, mêmes actions, mêmes circonstances, mêmes conditions. Analogies, analogies! Presque tout ce que j'ai vu, fait, pensé sur la Terre, je l'avais déjà vu, fait, pensé cent ans auparavant sur ce monde antérieur.

Je m'en étais toujours douté!

L'ensemble de ma vie terrestre est cependant supérieur à l'ensemble de la précédente. Chaque enfant apporte en naissant des facultés différentes, des prédispositions spéciales, dissemblances innées, d'ailleurs incontestées, qui ne peuvent s'expliquer devant l'esprit philosophique et devant la Justice éternelle que par des travaux antérieurement accomplis par des âmes libres. Mais quoique ma vie terrestre soit supérieure à la précédente, principalement au point de vue de la connaissance plus exacte et plus profonde du système du monde, cependant je dois remarquer que certaines facultés physique et morales, possédées antérieurement, me manquaient sur la Terre. Réciproquement, je possédais sur ce monde des facultés que je n'avais point reçues précédemment.

Ainsi, par exemple, parmi les facultés physiques qui me manquaient sur la Terre, je citerai surtout celle de voler. Sur la planète de la Vierge, je vois que je volais aussi souvent que je marchais, et cela sans appareil aéronautique et sans ailes, tout simplement avec mes bras et mes jambes, comme on nage entre deux eaux. En examinant bien ce mode de locomotion, que je me vois clairement employer sur cette planète, je reconnais sans peine que je n'ai (que je n'avais, veux-je dire) ni ailes, ni ballon, ni hélice. A un moment donné, je m'élance du sol, comme par un vigoureux coup de jarret, et étendant les bras, je nage sans fatigue dans l'air. Ailleurs, descendant à pied une montagne escarpée, je m'élance en avant dans l'espace, pieds joints, et je descends lentement et obliquement, par ma volonté, jusqu'aux points où mes pieds touchent le sol et où je me trouve debout. Ailleurs encore, je vole lentement à la façon d'une colombe qui décrit une courbe en rentrant dans sa tourelle. Voilà ce que je me vois très-distinctement faire sur ce monde.

Eh bien! ce n'est pas une fois, c'est cent fois, c'est mille fois peut-être que je me suis senti emporter de la sorte dans mes rêves terrestres. Exactement ainsi, doucement, naturellement et sans appareils. Comment de telles impossibilités se présenteraient-elles si souvent dans nos rêves? rien ne peut les justifier; rien d'analogue n'existe sur le globe terrestre. Pour obéir instinctivement à cette tendance innée, je me suis plusieurs fois élancé dans l'atmosphère, attaché à la bulle de gaz d'un aérostat; mais l'impression n'est pas la même : on *ne se sent pas* voler, et l'on se croit presque immobile. J'ai maintenant l'explication de mes songes : pendant le sommeil de mes sens terrestres, mon âme avait des réminiscences de son existence antérieure.

Quærens. — Mais, moi aussi, bien souvent, je me suis senti et me suis vu voler en rêve, et exactement ainsi, par un mouvement du corps dû à la volonté seule, sans ailes et sans appareils. Est-ce que j'aurais aussi vécu sur la planète de la Vierge?

Lumen. — Je l'ignore. Si vous aviez de bons yeux ou de puissants instruments, vous pourriez, de votre globe même, apercevoir cette planète, examiner sa surface, et si par hasard vous y aviez existé à l'époque où en sont partis les rayons lumineux qui arrivent actuellement à la Terre, vous pourriez peut-être vous y retrouver. Mais vous avez des yeux beaucoup trop faibles pour tenter cette recherche. D'ailleurs, il n'est nullement nécessaire que vous ayez habité ce monde pour avoir été pourvu de la faculté d'aviation. Il y a un nombre considérable de mondes où le vol constitue l'état normal, et où toute la race humaine ne vit que par cette faculté. En réalité, il y a peu de planètes où les êtres rampent comme sur la Terre.

Quærens. — Il résulterait de votre vision précédente que votre existence terrestre n'est pas la première, et qu'avant de vivre sur la Terre, vous aviez déjà vécu sur un autre monde. Vous croyez donc à la pluralité des existences de l'âme?

Lumen. — Oubliez-vous que vous parlez à un esprit désincarné? Je dois bien me rendre à l'évidence, ayant devant moi ma vie terrestre et ma vie antérieure sur la planète virginale. Je me souviens d'ailleurs de plusieurs autres existences.

Quærens. — Ah! voilà précisément ce qui me manque pour établir en moi une telle conviction. Je ne me souviens absolument de rien de ce qui a pu précéder ma naissance terrestre.

Lumen. — Vous êtes encore incarné. Attendez votre liberté pour vous souvenir de votre vie spirituelle. L'âme n'a pleine mémoire, pleine possession d'elle-même que dans sa vie normale, sa vie céleste, c'est-à-dire entre ses incarnations. Elle voit alors, non-seulement sa vie terrestre, mais encore ses autres existences antérieures.

Comment une âme enveloppée dans les liens

grossiers de la chair terrestre, et fixée là pour un travail transitoire, pourrait-elle se souvenir de sa vie spirituelle? Combien ce souvenir ne lui serait-il pas nuisible! Quelles entraves n'apporterait-il pas à la liberté des actes, s'il montrait à l'âme son commencement et sa fin? Comment mériterait-on, si l'on connaissait ses destinées? Les âmes incarnées sur la Terre ne sont pas encore arrivées à un état d'avancement assez élevé pour que le souvenir de leur état antérieur pût leur être utile. La permanence des impressions animiques ne se manifeste pas sur ce monde de passage. La chenille ne se souvient point de son existence rudimentaire dans l'œuf. La chrysalide endormie ne se souvient point des jours employés au travail lorsqu'elle rampait sur les plantes basses. Le papillon qui vole de fleur en fleur n'a que faire de se rappeler le temps où sa momie rêvait suspendue à une toile, ni le crépuscule où sa larve se traînait d'herbe en herbe, ni la nuit où la coquille d'une graine l'ensevelissait. Cela n'empêche pas que l'œuf, la chenille et la chrysalide et le papillon ne soient un seul et même être.

Quærens. — Cependant, maître, si nous avions déjà vécu avant cette vie, quelque chose nous en resterait. Autrement ces existences anté-

10.

rieures seraient comme si elles n'eussent pas été.

Lumen. — Eh! n'est-ce donc rien que d'arriver sur la Terre avec des aptitudes innées? Deux enfants naissent du même père et de la même mère, reçoivent identiquement la même éducation, sont entourés des mêmes soins, habitent dans le même milieu. Or, examinez chacun d'eux. Sont-ils égaux? Nullement. L'égalité des âmes n'existe pas. Celui-ci apporte avec lui des instincts pacifiques et une vaste intelligence; il sera bon, savant, sage, illustre peut-être parmi les penseurs. Celui-là apporte des instincts de domination, d'envie, de brutalité peut-être. Sa carrière, se dessinant et s'accentuant de plus en plus, le conduira sans doute au premier rang des armées et lui donnera cette gloire (peu désirable et cependant encore admirée sur la Terre) qui s'attache au titre d'assassin officiel. Faiblement ou fortement accusée, cette dissemblance de caractère, qui ne dépend ni de la famille, ni de la race, ni de l'éducation, ni de l'état corporel, se manifeste chez tous les hommes. Or, vous pourrez y réfléchir à votre aise : vous arriverez à la conviction qu'elle est absolument inexplicable, — et ne peut trouver sa raison que dans les états antérieurs des âmes.

Quærens. — La plupart des philosophes et des

docteurs théologiques ont enseigné cependant que l'âme était créée en même temps que le corps.

Lumen. — Et en quel moment précis, je vous prie? Est-ce au moment de la naissance? Mais la législation comme la physiologie anatomique savent parfaitement que l'enfant vit avant d'être délivré de sa prison utérine, et détruire un fœtus de huit mois est déjà un assassinat. A quelle époque donc supposez-vous que l'âme apparaîtrait soudain dans le crâne fluide du fœtus ou de l'embryon?

Quærens. — Plusieurs Pères de l'Église ont indiqué la sixième semaine de la gestation. D'autres ont penché pour le moment même où la conception s'opère.

Lumen. — O dérision amère! vous voudriez que les desseins éternels du Créateur fussent soumis dans leur exécution aux capricieux désirs, à la flamme intermittente de deux cœurs amoureux! Vous oseriez admettre que notre être immortel est créé au contact de deux épidermes? Vous seriez disposé à croire que la Pensée suprême qui gouverne les mondes se mettrait à la disposition du hasard, de l'intrigue, de la passion et quelquefois du crime? Vous penseriez que le nombre des âmes dépendrait du nombre des fleurs touchées par la douce poussière du pollen aux ailes d'or? Mais une telle doctrine, une telle supposition, n'est-elle pas blasphématoire envers la dignité divine, envers la grandeur spirituelle de notre âme elle-même? Et d'ailleurs, ne serait-ce pas la matérialisation complète de notre faculté intellectuelle?

Quærens. — Je conviens qu'il serait fort singulier, en effet, qu'un événement aussi important que la création d'une âme immortelle fût soumis à une cause charnelle, fût le résultat fortuit d'unions plus ou moins légitimes. Je conviens aussi que la différence des aptitudes que l'on apporte en entrant dans ce monde n'est pas expliquée par des causes organiques. Mais je me demande à quoi serviraient plusieurs existences si, lorsqu'on recommence une nouvelle vie, on ne se souvient plus des précédentes. Je me demande de plus s'il est vraiment désirable pour nous d'avoir en perspective un voyage sans fin à travers les mondes et une transmigration éternelle. Car enfin, il faut bien qu'il y ait un terme à tout cela, et qu'après tant de siècles de voyage, nous finissions par nous reposer. Alors, autant nous reposer immédiatement après une seule existence...

Lumen. — O homme! vous ne connaissez ni l'espace ni le temps; vous ne savez pas qu'en dehors du mouvement des astres le temps n'existe plus et que l'éternité n'est plus mesurée; vous ne savez pas que, dans l'infini de l'étendue sidérale universelle, l'espace n'est qu'un vain mot et n'est plus mesurable; vous ignorez tout : principe, cause, fin, tout vous échappe; atome sur un atome mobile, vous n'avez sur l'univers aucune appréciation exacte; et dans une telle ignorance, dans une telle obscurité, vous voudriez tout comprendre, tout envelopper, tout saisir! Mais il serait plus facile de faire entrer l'Océan dans une coquille de noix que de faire comprendre la loi des destinées par votre pauvre cerveau terrestre. Ne pouvez-vous donc, en faisant un légitime usage de la faculté d'induction qui vous fut donnée, vous arrêter aux conséquences directes qui résultent de l'observation raisonnée? L'observation raisonnée vous démontre que nous ne sommes pas égaux en arrivant en ce monde; que le passé est semblable à l'avenir, et que l'éternité qui est devant nous est également derrière; que rien ne se crée dans la nature et que rien ne s'anéantit; que la nature s'étend à toute chose existante, et que Dieu, esprit, loi, nombre, ne sont

pas plus en dehors de la nature que matière,
poids, mouvement; que la vérité morale, la justice, la sagesse, la vertu existent dans la marche
du monde aussi bien que la réalité physique; que
la justice ordonne l'équité dans la distribution
des destinées; que nos destinées ne s'accomplissent point sur la planète terrestre; que le ciel
empyrée n'existe pas et que la Terre est un astre
du ciel; que d'autres planètes habitées planent
avec la nôtre dans l'étendue, ouvrant aux ailes de
l'âme un champ inépuisable; et que l'infini de
l'univers correspond, dans la création matérielle,
à l'éternité de nos intelligences dans la création
spirituelle. De telles certitudes, accompagnées des
inductions qu'elles nous inspirent, ne suffisent-
elles point à délivrer votre esprit des préjugés antiques, et à livrer à son libre jugement un panorama digne des vagues et profonds désirs de nos
âmes?

Je pourrais illustrer cette esquisse générale par
des exemples et des détails qui vous frapperaient
peut-être davantage. Qu'il me suffise d'ajouter qu'il
y a dans la nature d'autres forces que celles que
vous connaissez, dont l'essence comme le mode
d'action sont tout autres que l'électricité, l'attraction, la lumière, etc. Or, parmi ces forces naturelles

inconnues, il en est une en particulier dont l'étude
ultérieure amènera de singulières découvertes
pour élucider les problèmes de l'âme et de la vie.
Cette force fluidique invisible, c'est ce lien mystérieux qui unit des êtres vivants à leur insu même
et s'est déjà manifesté en maintes circonstances.
Voici deux êtres qui *s'aiment*. Il leur est impossible de vivre séparés. Si la force des événements
amène une séparation, nos deux amoureux sont
désorientés, et leurs âmes seront sans cesse ab-
sentes de leurs corps pour se réunir à travers la
distance. Les pensées de l'un sont communes à
l'autre; les émotions de l'un sont éprouvées par
l'autre, et ils vivent ensemble malgré la séparation. Si quelque malheur vient frapper l'un d'eux,
l'autre en subit le contre-coup. On a vu de ces
séparations amener la mort. Combien de faits
n'avez-vous pas constatés, sur des témoignages
irréfragables, de l'apparition spontanée d'une
personne à un ami intime, d'une femme à son
mari, d'une mère à son fils, et réciproquement,
arrivée au moment même où la personne apparue
mourait, souvent à une grande distance kilomé-
trique? La critique la plus sévère ne peut plus
aujourd'hui nier ces faits authentiquement constatés. Deux enfants jumeaux, vivant à dix lieues

l'un de l'autre, en des conditions très-différentes,
subissent en même temps la même maladie, ou si
l'un d'eux se fatigue outre mesure, l'autre en ressent un malaise qu'il n'a point mérité. Et ainsi de
suite. Ces faits multiples prouvent qu'il existe des
liens sympathiques entre les âmes et même entre
les corps, et nous invitent à réfléchir, une fois d
plus, que nous sommes loin de connaître toute
les forces en action dans la nature.

Si je vous livre ces vues, ô mon ami, c'es
pour vous montrer surtout que vous pouvez pressentir la vérité avant même d'être mort, et que
l'existence terrestre n'est pas tellement dépourvue
de lumière qu'on ne puisse, par le raisonnement,
arriver à reconnaître les traits principaux du
monde moral. Au surplus, toutes ces vérités devaient ressortir dans la suite de mon récit, lorsque je vous aurai appris que ce n'est pas seulement
mon avant-dernière existence que j'ai revue directement, grâce à la lenteur de la lumière, mais
encore mon antépénultième vie planétaire, et,
jusqu'à présent, plus de dix existences qui ont
précédé celle dans laquelle nous nous sommes
connus sur la Terre.

II

Quærens. — La réflexion et l'étude, ô Lumen!
m'avaient déjà fait approcher de la croyance en
la pluralité des existences de l'âme. Mais cette
doctrine étant loin d'avoir en sa faveur des preu-
ves logiques, morales et même physiques, aussi
nombreuses et aussi évidentes que celle de la pluralité des mondes habités, j'avoue que jusqu'à ce
jour le doute était resté dans ma pensée. L'optique moderne et le calcul transcendant, qui nous
font en quelque sorte toucher du doigt les autres
mondes, nous montrent leurs mouvements, leurs
années, leurs saisons et leurs jours, nous font
assister aux variations de la nature vivante à leur
surface; tous ces éléments ont permis à l'astronomie contemporaine de fonder cette doctrine de
l'existence humaine dans les autres astres sur une
base solide et impérissable. Mais, encore une fois,
il n'en est pas de même de la palingénésie, et
quoique penchant fortement vers la transmigration des âmes dans le véritable ciel, puisque c'est

là le seul moyen sous lequel nous puissions nous représenter la vie éternelle, mes aspirations réclament cependant pour se soutenir et se consolider une lumière que je n'ai pas encore.

Lumen. — C'est précisément cette lumière qui fait l'objet de notre entretien d'aujourd'hui et qui en ressortira. J'ai, je l'avoue, un avantage sur vous, puisque je parle *de visu*, et que je me borne rigoureusement à me faire l'interprète exact des événements terrestres dont ma vie spirituelle est actuellement tissée. Mais puisque votre intelligence peut sentir la possibilité, la vraisemblance de l'explication scientifique de mon récit, elle ne peut en l'écoutant que s'éclairer elle-même et agrandir son savoir.

Quærens. — C'est pour cette cause surtout que je suis toujours altéré de vous entendre.

Lumen. — La lumière, vous l'avez compris, se charge de donner à l'âme désincarnée *la vue directe* de ses existences planétaires.

Après avoir revu mon existence terrestre, j'ai revu mon avant-dernière vie sur l'une des planètes de Gamma Virginis. La lumière ne m'apportant celle-là qu'après soixante-douze ans, et celle-ci qu'après cent soixante-douze ans, je vois aujourd'hui, de Capella, ce que j'étais sur la Terre

il y a soixante-douze ans, et ce que j'étais sur le
monde virginal il y a cent soixante-douze ans.
Voilà donc deux existences *passées et successives*
qui sont rendues pour moi *présentes et simulta-
nées* ici, en vertu des lois de la lumière qui me
les transmet.

Il y a cinq cents ans environ, je vivais sur un
monde dont la position astronomique, vue de la
Terre, est précisément celle du sein d'Andromède,
du sein gauche. Assurément, les habitants de ce
monde ne se doutent guère que les habitants
d'une petite planète de l'espace ont réuni les étoiles par des lignes fictives, tracé des figures
d'hommes, de femmes, d'animaux, d'objets divers,
et incorporé tous les astres (pour leur donner un
nom) dans ces figures plus ou moins originales.
On étonnerait bien des hommes planétaires si on
leur disait que sur la Terre certaines étoiles portent les noms de Cœur du Scorpion (quel cœur!),
Tête du Chien, Queue de la Grande Ourse, OEil
du Taureau, Col du Dragon, Front du Capricorne!
Vous n'ignorez pas que les constellations dessi-
nées sur la sphère céleste, les positions des étoiles
sur cette sphère, ne sont point réelles ni absolues, mais sont uniquement causées par la situation de la Terre dans l'espace, et ainsi ne sont

tout simplement qu'une affaire de *perspective*.
Celui qui, du haut d'une montagne, prend le panorama circulaire et fixe sur son plan la position
respective de tous les sommets qui lui apparaissent, des collines, des vallées, des villages, des
lacs, se construit une carte qui ne peut servir que
pour le lieu où il se trouve. Si l'on se transporte
vingt lieues plus loin, les mêmes sommets sont
visibles, mais ils sont situés en des positions réciproques tout à fait différentes, résultant du
changement de perspective. Le panorama des
Alpes et de l'Oberland, vu de Lucerne et du Pi-
late, ne ressemble en rien à celui qu'on observe
du Faulhorn ou de la Scheinige Platte au-dessus
d'Interlaken. Ce sont cependant les mêmes sommets et les mêmes lacs. Il en est exactement de
même pour les étoiles. On voit les mêmes de l'é-
toile Delta d'Andromède et de la Terre. Il n'y a
plus cependant une seule constellation susceptible d'être retrouvée; toutes les perspectives célestes sont changées; les étoiles de première
grandeur sont devenues de seconde et de troisième; quelques-unes d'un ordre inférieur, vues
de plus près, sont devenues éclatantes, et surtout
la situation respective des étoiles les unes avec
les autres a complétement varié par suite de la

différence de position entre cette étoile et la Terre.

Quærens. — Ainsi, les constellations, que l'on a crues pendant si longtemps tracées ineffaçablement sous la voûte céleste, ne sont dues qu'à la perspective. En changeant de position, les perspectives changent, et le ciel ne reste point le même. Mais alors, ne devrions-nous pas avoir nous-mêmes un changement de perspectives célestes à six mois d'intervalle, puisque dans cet intervalle la Terre a fortement changé de position et est allée se placer à 74 millions de lieues de distance du point qu'elle occupait six mois auparavant?

Lumen. — Cette objection me prouve que vous avez parfaitement compris le principe de la déformation des constellations à mesure que l'on s'avance de quelque côté que ce soit dans l'espace. Il en serait ainsi, en effet, si l'orbite terrestre était d'une dimension assez vaste pour que deux points opposés de cette orbite pussent changer la vue du paysage céleste.

Quærens. — Soixante-quatorze millions de lieues...

Lumen. — Ne sont rien dans l'ordre des distances célestes, et ne peuvent pas plus changer les perspectives des étoiles qu'un pas fait sur la lanterne du Panthéon ne fait changer pour l'observateur la position apparente des édifices de Paris.

QUÆRENS. — Certaines cartes du moyen âge donnent le zodiaque comme cintre à l'empyrée, et placent quelques constellations, telles qu'Andromède, la Lyre, Cassiopée, l'Aigle, dans là même région que les Séraphins, les Chérubins et les Trônes. C'était donc là de la haute fantaisie, si les constellations n'existent pas en réalité, et sont de simples rapprochements apparents dus à la perspective.

LUMEN. — Évidemment. L'ancien ciel théologique n'a plus aujourd'hui sa raison d'être, et le simple bon sens témoigne qu'il n'existe pas. Deux vérités ne pouvant être opposées l'une à l'autre, il est nécessaire que le ciel spirituel s'accorde avec le ciel physique : c'est ce que mes différents entretiens ont pour objet spécial de vous démontrer.

Sur le monde d'Andromède dont je vous parle, en effet, on n'a plus rien de la constellation d'Andromède. Les étoiles qui, vues de la Terre, paraissent réunies et ont servi à dessiner sur le paysage céleste la fille de Céphée et de Cassiopée, sont disséminées dans l'étendue à toutes les distances et dans toutes les directions. On ne saurait retrouver là, ni ailleurs, le moindre vestige des traces de la mythologie terrestre.

Quærens. — La poésie y perd... J'éprouverais certainement une douce satisfaction à savoir que j'aurais résidé pendant toute une vie sur le sein d'Andromède. Cela fait image. Il y a là tout ensemble un parfum mythologique et une sensation vitale. J'aimerais certainement m'y voir transporté, sans crainte du monstre, et sans souci pour le jeune Persée accompagné de sa tête de Méduse et du fameux Pégase. Mais maintenant, grâce au scalpel de la science, il n'y a plus ni princesse exposée sans voiles au bord des flots, ni vierge tenant l'épi d'or, ni Orion poursuivant les Pléiades ; Vénus a disparu de notre ciel du soir, et le vieux Saturne a laissé sa faux tomber dans la nuit. La science a tout fait disparaître ! Je regrette ce progrès.

Lumen. — Préférez-vous donc l'illusion à la réalité ? Et ne savez-vous pas encore que la vérité est incomparablement plus belle, plus grande, plus admirable et plus merveilleuse même que l'erreur la mieux ornée ? Qu'y a-t-il de comparable, dans toutes les mythologies passées et présentes, à la seule contemplation scientifique des grandeurs célestes et des mouvements de la nature? Quelle impression pourrait frapper l'âme plus profondément que *le fait* de l'étendue occupée par les mondes et de l'immensité des systèmes sidéraux? Quelle parole est plus éloquentes que le silence d'une nuit étoilée? Quelle image saurait transporter la pensée dans un abîme d'étonnement plus implacable que ce voyage intersidéral de la lumière rendant éternels les événements transitoires de la vie de chaque monde? Dépouillez-vous donc, ô mon ami, de vos antiques erreurs, et soyez vraiment digne de la majesté de la science. Écoutez ce qui suit.

En vertu du temps que cette lumière emploie pour venir du système de δ d'Andromède à Capella, j'ai revu, cette année, en 1869, mon antépénultième existence accomplie il y a 550 ans. Ce monde est singulier pour nous. Il n'y a qu'un règne : le règne animal, à sa surface. Le règne végétal n'y existe pas. Mais ce règne animal est bien différent du nôtre, quoique pourtant son espèce supérieure, son espèce intelligente, y possède cinq sens comme sur la Terre. C'est un monde sans sommeil et sans fixité. Il est entièrement enveloppé d'un océan rose, moins dense que l'eau terrestre et plus dense que l'air. C'est une substance qui tient le milieu comme fluide entre l'air et l'eau. N'essayez pas de vous la représenter exactement : vous n'y parviendrez pas, attendu que la chimie terrestre ne vous offre pas de substance semblable. Le gaz acide carbonique, que l'on tient invisible au fond d'un verre et que l'on verse comme de l'eau, peut vous en donner une image. Cet état est dû à une quantité déterminée de chaleur et d'électricité en permanence sur ce globe. Vous n'ignorez pas qu'il n'y a sur la Terre, dans la texture de tous les êtres, minéraux, végétaux et animaux, que trois états de corps : le solide, le liquide et le gazeux, et que ces trois états ont pour cause unique la chaleur versée par le Soleil à la surface terrestre. La chaleur intérieure du globe n'a plus qu'une action insensible à cette surface. Moins de chaleur solaire liquéfierait les gaz et solidifierait les liquides. Plus de chaleur fondrait les solides et évaporerait les liquides. Il suffit de supposer une plus ou moins grande quantité de chaleur pour faire de l'air liquide (de l'air liquide, entendez-vous ?) et du marbre gazeux. Si, par une cause quelconque, la planète terrestre filait un jour sur la tangente de son orbite et s'éloignait dans l'obscurité glacée de l'espace, vous verriez toute l'eau terrestre devenir solide, et les gaz à leur tour devenir liquides, puis solides eux-mêmes… vous verriez! non, vous ne le verriez pas en restant sur la Terre, mais vous pourriez, du fond de l'espace, assister à ce spectacle assez curieux, si jamais votre globe s'avisait de s'échapper par la tangente. Et remarquez de plus que, si l'arrivée de ce froid colossal se faisait subitement, les êtres se trouveraient soudain gelés sur place, et le globe emporterait dans l'étendue le panorama singulier de toutes les races, humaine et animales, figées et immobilisées pour l'éternité dans les positions variées que chaque individu et chaque être aurait eues au moment de la catastrophe.

Il y a des mondes qui en sont là. Ce sont des comètes, dont les habitants, arrêtés insensiblement dans leur vie par la fuite rapide de la comète loin du Soleil, se trouvent là comme des milliers de statues. La plupart sont couchés, attendu que ce profond changement de température emploie plusieurs jours à s'accomplir. Ils sont là par millions, pêle-mêle, morts, ou pour mieux dire endormis dans une léthargie complète. Le froid les conserve. Trois ou quatre mille ans plus tard, quand la comète revient de son aphélie obscur et glacé à son brillant périhélie vers le Soleil, la chaleur féconde caresse cette surface de ses rayons bienfaisants ; elle s'accroît rapidement. Lorsqu'elle est arrivée au degré qui caractérise la température naturelle de ces êtres, ils ressuscitent, à l'âge qu'ils avaient au moment où ils se sont endormis, ils reprennent leurs affaires de la veille (vieille veille !), sans savoir en aucune façon qu'ils ont dormi (sans rêve) pendant tant de siècles. On en voit même qui continuent une partie de jeu commencée et achèvent une phrase dont les premiers mots ont été dits quatre mille ans auparavant. Tout cela est fort simple. Nous avons vu que le temps n'existe pas en réalité.

C'est en grand ce qui se passe en petit sur la Terre pour vos infusoires ressuscitants, qui renaissent sous la pluie après plusieurs années de mort apparente.

Mais pour en revenir à notre monde d'Andromède, l'atmosphère rose quasi-liquide, qui l'occupe entièrement comme un océan sans îles, est le séjour des êtres animés de ce globe. Sans jamais se reposer au fond de cet océan, que nul n'a jamais touché, ils flottent perpétuellement au sein de l'élément mobile. Depuis leur naissance jusqu'à leur mort, ils n'ont pas un seul instant de repos.

Leur activité constante est la condition même de leur existence. S'ils s'arrêtaient, ils périraient. Pour respirer, c'est-à-dire pour faire pénétrer dans leur sein l'élément fluide, ils sont contraints d'agiter sans cesse leurs tentacules et de tenir leurs poumons (je prends ce mot pour me faire comprendre) constamment ouverts. La forme extérieure de cette race humaine est un peu celle des sirènes de l'antiquité, mais moins élégante et se rapprochant de l'organisme du phoque.

Voyez-vous la différence essentielle qui sépare cette constitution de celle des hommes terrestres? C'est que *sur la Terre nous respirons sans nous en apercevoir*, sans faire aucun travail pour obtenir notre oxygène, sans être obligés de gagner par la peine la transformation du sang veineux en sang artériel par l'absorption de l'oxygène. Sur cet autre monde, au contraire, c'est là une nourriture *que l'on n'obtient qu'au prix du travail*, au prix d'incessants efforts.

Quærens. — Alors, ce monde est inférieur au nôtre comme degré d'avancement?

Lumen. — Sans aucun doute, puisque je l'ai habité avant de venir sur la Terre. Mais ne pensez pas que la Terre soit bien supérieure par la raison que nous respirons tout en dormant. Sans doute,

c'est déjà merveilleux d'être muni d'un mécanisme
pneumatique qui s'ouvre de lui-même de seconde
en seconde, chaque fois que notre organisme a
besoin de la moindre bouffée d'air, et c'est merveilleux que cet automate fonctionne, lors même
que ceux qui le possèdent n'en voient pas la beauté
et n'en apprécient pas la valeur. Mais l'homme ne
vit pas seulement d'air ; il faut encore à l'organisme terrestre un complément plus solide, et ce
complément ne lui arrive pas tout seul. Qu'en ré-
sulte-t-il ? Regardez un instant la Terre. Voyez
quel triste, quel désolant spectacle ! Quel monde
de misère et d'abrutissement ! Toutes ces multi-
titudes courbées vers le sol qu'elles grattent avec
peine pour *lui demander leur pain !* toutes ces
têtes penchées vers la matière au lieu d'être élevées pour la contemplation de la nature ! tous ces
efforts et ces labeurs, traînant après eux la faiblesse et la maladie ! tous ces *trafics pour amasser
un peu d'or* aux dépens de tous ! l'exploitation de
l'homme par l'homme ! les castes, les aristocra-
ties, les vols et les ruines ! les ambitions, les trônes
et les guerres ! en un mot, l'*intérêt personnel*, toujours égoïste, souvent sordide, et le règne de la
matière sur l'esprit : voilà le tableau normal de la
Terre, situation voulue par la loi qui régit vos

corps, qui vous force à tuer pour vivre et à pré-
férer la possession des biens matériels, que l'on
n'emporte pas au delà du tombeau, à la possession
des biens intellectuels dont l'âme garde toujours
en elle la richesse inaliénable.

Quærens. — Vous parlez, ô maître, comme
si vous pensiez qu'il fût possible de vivre sans
manger.

Lumen. — Eh ! croyez-vous donc que l'on soit
astreint à une opération aussi ridicule sur tous les
mondes de l'espace ? Fort heureusement, sur la
plupart des mondes, l'esprit n'est pas soumis à
une pareille ignominie.

Il n'est pas si difficile qu'on peut le supposer
au premier abord, de croire à la possibilité d'atmosphères nutritives. L'entretien de la vie chez
l'homme et les animaux dépend de deux causes :
la respiration et la nutrition. La première réside
naturellement dans l'atmosphère ; la seconde réside dans la nourriture. De la nourriture provient
le sang ; du sang proviennent les tissus, les mus-
cles, les os, les cartilages, la chair, le cerveau,
les nerfs, en un mot, la constitution organique
du corps. L'oxygène que nous inspirons peut lui-
même être considéré comme substance nutritive,
puisqu'en se combinant avec les principes alimen-

taires absorbés par l'intestin, il achève la sangui-
fication et le développement des tissus.

Or, pour imaginer la nutrition tout entière
passée dans le domaine de l'atmosphère, il suffit
d'observer qu'en somme un aliment complet se
compose d'albumine, de sucre, de graisse et de
sel, et de penser qu'un fluide atmosphérique, au
lieu d'être composé seulement d'azote et d'oxygène, soit formé de ces diverses substances à
l'état gazeux.

Dans notre état actuel, ces aliments se trouvent
dans les corps solides dont nous nous nourrissons,
et c'est à la digestion qu'est dévolue la fonction de
les dégager et de les assimiler à l'organisme.
Lorsque nous mangeons un morceau de pain, par
exemple, nous introduisons dans notre estomac
de la fécule et de l'amidon, substance insoluble
dans l'eau et qu'on ne trouve pas dans le sang.
La salive et le suc pancréatique transforment l'a-
midon insoluble en sucre soluble. La bile, le suc
pancréatique et les sécrétions intestinales changent le sucre en graisse. On trouve dans le sang
du sucre et de la graisse, et c'est ainsi que, par le
procédé de l'alimentation, les substances ont été
dégagées et assimilées à notre corps.

Vous vous étonnez, mon ami, que dans le

monde céleste, où je réside depuis cinq années
terrestres, je me souvienne encore de tous ces
termes matériels, et que je descende à en parler
ainsi. Les souvenirs que j'ai emportés de la Terre
sont loin d'être effacés, et puisque nous traiton
par circonstance une question de physiologie o
ganique, je n'éprouve aucune fausse honte
nommer les choses par leur nom.

Si donc nous supposons qu'au lieu d'être con
binés ou mélangés dans la constitution des cor
solides ou liquides, les aliments se trouvent à l'é
gazeux dans la constitution de l'atmosphère, no
créons par là même des atmosphères nutritive
qui nous dispensent de la digestion et de ses fon
tions ridicules et grossières.

Ce que l'homme est capable d'imaginer dans
sphère restreinte où ses observations s'exercel
la nature a su le réaliser en quelque point de
création universelle.

Je vous assure, du reste, que, lorsqu'on n'est pl
accoutumé à cette opération matérielle de l'intr
duction de la nourriture dans le tube intestinal,
ne peut s'empêcher d'être saisi de sa grossièret
C'est la réflexion que je me faisais encore il y
quelques jours, lorsque, laissant mes regards err
sur l'un des plus opulents paysages de votre pl

nète, je fus frappé de la beauté suave et tout angélique d'une jeune fille, étendue sur une gondole
qui flottait doucement sur l'eau bleue du Bosphore,
devant Constantinople. Des coussins de velours
rouge, brodé de soie éclatante, formaient le fauteuil
de cette jeune Circassienne ; de lourds glands d'or
tombaient jusque dans les flots. Devant elle, un
petit esclave noir à genoux jouait d'un instrument
à cordes. Ce corps était si juvénile et si gracieux,
ce bras accoudé était si élégant, ces yeux étaient
si purs et si naïfs, et ce front déjà pensif était si
calme dans la lumière du ciel, que je me laissai un
instant captiver par une sorte d'admiration ré-
trospective pour ce chef-d'œuvre de la nature vivante. Eh bien ! tandis que cette candeur de la jeunesse qui s'éveille, cette suavité de la fleur qui
s'entr'ouvre aux premiers rayons de l'existence
me tenaient sous une sorte de charme passager,
la barque toucha le bord d'une plate-forme avancée, et la jeune fille, soutenue par l'esclave, vint
s'asseoir sur un divan, près d'une table servie
copieusement, autour de laquelle d'autres personnes étaient déjà réunies. Elle se mit à manger ! Oui, *elle mangea !* Pendant une heure, peut-
être, c'est à peine si je pouvais me rendre à la
raison de mes souvenirs terrestres. Quel spec-

tacle ridicule! Un tel être portant des aliments à
sa bouche et se versant d'instant en instant je ne
sais quelle substance dans l'intérieur de son corps
charmant! Quelle grossièreté! Et puis des morceaux d'un animal quelconque, que ces dents per-
lées ont le courage de mâcher! Et ensuite des
fragments d'un autre animal qui voient s'ouvrir
sans hésitation devant eux ces lèvres virginales
pour les recevoir et les ingurgiter! Quel régime:
Un mélange d'ingrédients tirés de bestiaux ou de
bêtes fauves qui ont vécu dans la fange et qu'on
a massacrés ensuite… Horreur! Je détournai mes
regards avec tristesse de cet étrange contraste, et
je les portai sur Jupiter, où l'humanité n'est pas
réduite à de tels besoins.

Les êtres flottants appartenant au monde d'Andromède où s'est accomplie mon antépénultième
existence, sont encore soumis bien plus servile-
ment que les habitants de la Terre au travail de la
nutrition. Ils n'ont pas d'air qui les nourrisse aux
trois quarts, comme sur votre globe : il faut qu'ils
gagnent ce qu'on peut appeler leur oxygène, et
sans trêve, ils sont condamnés à faire fonctionner
leurs poumons et à préparer de l'air nutritif, sans
jamais dormir et sans jamais être rassasiés d'air,
parce que, malgré tout leur travail, ils ne peuvent

qu'absorber fort peu à la fois. Ils passent ainsi leur vie entière, et meurent en succombant à la peine.

Quærens. — Autant vaudrait ne pas naître !

Lumen — La même réflexion s'appliquerait à la Terre. A quoi sert de naître, de se fatiguer à mille travaux divers, de tourner pendant soixante ou cent ans dans le même cercle journalier : dormir, manger, agir, parler, errer, courir, s'agiter, rêver, etc., etc. A quoi tout cela sert-il? Et ne serait-on pas aussi avancé si l'on s'éteignait le lendemain de sa naissance, ou mieux encore, si l'on ne se donnait même pas la peine de naître? La nature n'en irait pas plus mal et ne s'en apercevrait point. Et, du reste, peut-on ajouter, à quoi la nature sert-elle elle-même, et pourquoi l'univers existe-t-il?... A toutes ces questions l'esprit observateur ne peut donner qu'une seule réponse : Il faut que toutes les destinées s'accomplissent.

Souvent, mon ami, je me suis adressé dans le fond de ma conscience ces mêmes insolubles questions, et je me souviens qu'une personne vraiment supérieure que j'avais connue dans une existence antérieure, et précisément sur ce monde d'Andromède, et que j'ai revue avec bonheur, mais trop

rapidement sur la Terre, la vertueuse princesse
Carolath, que vous avez aussi connue, m'a souvent
alors entretenu de ces mêmes problèmes. Elle fit
ses efforts pour élever l'intelligence du pays à la
tête duquel elle brillait, mais n'y réussit guère. Ce
monde d'Andromède est extrêmement grossier et
ne comprenait rien à ses discours.

Pour vous donner une idée de la faiblesse intellectuelle de cette humanité, je choisirai les deux
sujets qui donnent généralement la mesure de la
valeur d'un peuple : la religion et la politique.
Or, en religion, au lieu de chercher Dieu dans la
nature, de fonder leur jugement sur la science,
d'aspirer à la vérité, de se servir de leurs yeux
pour voir et de leur raison pour comprendre, en
un mot, au lieu d'établir les fondements de leur
philosophie sur la connaissance aussi exacte que
possible de l'ordre divin qui régit le monde; ils
se sont divisés en sectes volontairement aveugles,
ont cru rendre hommage à leur prétendu Dieu en
cessant de raisonner, et croient l'adorer en soute-
nant que leur monde est unique dans l'espace,
en récitant des paroles, en s'injuriant de secte à
secte, et, hélas! en bénissant les épées, en allu-
mant les bûchers, en autorisant les massacres et
les guerres. Il y a telles et telles assertions dans

leurs doctrines qui semblent imaginées tout exprès pour outrager le sens commun. Ce sont précisément celles-là qui constituent les articles de
foi de leurs croyances!

Ils sont de la même force en politique. Les plus
intelligents et les plus purs ne parviennent pas à
s'entendre ; aussi la république y semble-t-elle
une forme de gouvernement irréalisable. Aussi
loin qu'on puisse remonter dans les annales de
leur histoire, on voit que les peuples, lâches et indifférents, préfèrent à se gouverner eux-mêmes
être menés par des individus qui se proclament
leurs Basileus. Ce chef leur prend les trois quarts de
leurs ressources, fait garder pour lui et les siens
l'essence la plus rose de leur atmosphère (c'est-à-
dire ce qu'il y a de meilleur en ce monde), les
numérote tous, et de temps en temps les envoie
s'entre-bâtonner avec le peuple voisin, soumis lui-
même à un Basileus analogue. Semblables à des
bancs de harengs, ils se dirigent des deux parts
vers un champ de bataille, qu'ils appellent le
champ d'honneur, et s'entre-détruisent comme
des fous furieux, sans savoir pourquoi, et sans
pouvoir se comprendre, du reste, attendu qu'ils
ne parlent pas le même langage. Quelques privi-
légiés du hasard en reviennent. Croyez-vous que

ceux-ci rapportent à leur retour la haine du Basileus? Nullement. En rentrant dans leurs foyers mobiles, les débris de l'armée n'ont rien de plus empressé que de célébrer en compagnie des dignitaires de leur secte des actions de grâce, suppliant leur Dieu de donner de longs jours de bénédiction au digne homme qui s'intitule leur paternel Basile!

Quærens. — Il suit de cette relation que les habitants de Delta Andromède sont physiquement et intellectuellement fort inférieurs à nous; car sur la Terre nous sommes loin d'avoir une pareille conduite. En somme, il n'y a sur ce globe qu'un règne animé, un règne mobile, sans repos, sans sommeil, livré à l'agitation perpétuelle par une inexorable fatalité. Un tel monde me semble bien bizarre.

Lumen. — Que diriez-vous donc de celui que j'ai habité il y a quinze siècles? Monde également doué d'un seul règne, mais non plus d'un règne mobile, au contraire, d'un règne fixe, comme votre règne végétal?

Quærens. — Des animaux et des hommes retenus par des racines?...

III

Lumen. — Mon existence antérieure à celle du monde d'Andromède s'est accomplie sur la planète Vénus, voisine de la Terre, où je me souviens d'avoir été femme. Aussi ne l'ai-je pas revue directement par la loi de la lumière, puisque la lumière met le même temps pour venir de Vénus ou de la Terre à Capella, et que, par conséquent, en regardant Vénus, je la vois actuellement telle qu'elle était il y a 72 ans, et non il y a 900 ans, époque de mon existence sur cette planète.

Ma quatrième vie antérieure à ma vie terrestre s'est passée sur une immense planète annulaire appartenant à la constellation du *Cygne*, et située dans la zone de la Voie lactée. Or, ce monde singulier n'est habité que par des arbres.

Quærens. — C'est-à-dire qu'il n'y a encore là que des plantes, et pas encore d'animaux, d'êtres intelligents et parlants ?

Lumen. — Non pas. Il n'y a que des plantes,

c'est vrai. Mais dans ce vaste monde de plantes, il y a des races végétales plus avancées que celles qui existent sur la Terre : il y a des plantes qui vivent comme vous et moi, sentent, pensent, raisonnent et parlent.

Quærens. — Mais c'est impossible !... Oh ! pardon ! je veux dire, c'est extraordinaire, incompréhensible et tout à fait inconnu.

Lumen. — Ces races végétales intelligentes existent si bien, que j'en faisais partie moi-même il y a quinze siècles, alors que j'étais un arbre raisonnable.

Quærens. — Mais encore ? comment une plante peut-elle raisonner sans cerveau et parler sans langue ?

Lumen. — Apprenez-moi, je vous prie, par quel procédé intime votre cerveau matériel donne naissance à des idées intellectuelles, et par quel mouvement votre âme traduit ses pensées muettes en paroles audigibles ?

Quærens. — ... Je cherche, ô maître ! Mais je ne trouve point l'explication essentielle de ce fait, cependant si ordinaire.

Lumen. — On n'a pas le droit de déclarer impossible un fait inconnu, quand on ignore ainsi la loi de sa propre manière d'être. De ce que le

cerveau est l'organe terrestre mis sur la Terre
au service de l'intelligence, croyez-vous donc
qu'il y ait des cerveaux analogues, des cervelets
des moelles épinières sur tous les globes de
l'espace ? Ce serait là une trop naïve erreur. La loi
du progrès régit le système vital de chacun des
mondes. Ce système vital diffère suivant la nature
intime et les forces particulières à chaque monde.
Lorsqu'il est arrivé à un degré suffisant d'élévation, qui le rende susceptible d'entrer dans le service du système du monde moral, l'*esprit*, plus
ou moins développé, y apparaît. Ne pensez pas
que le Père éternel crée directement sur chaque
globe une race humaine. Non. Le premier échelon
du règne animal reçoit la transfiguration humaine
par la force même des choses, par la loi naturelle,
qui l'anoblit le jour où le progrès l'a amené à un
état de supériorité relative.

Savez-vous pourquoi vous avez une poitrine,
un estomac, deux jambes et deux bras, et une
tête munie des sens visuel, auditif et olfactif ?
C'est parce que les quadrupèdes, les mammifères
qui ont précédé l'apparition de l'homme sur la
Terre étaient ainsi faits. Les singes, les chiens,
les lions, les ours, les chevaux, les bœufs, les tigres, les chats, etc., et avant eux le rhinocéros

thicorynus, l'hyène des cavernes, le cerf à bois
gigantesque, le mastodonte, la sarigue, etc., et
avant ceux-ci encore le plésiosaure, l'ichthyosaure,
l'iguanodon, le ptérodactyle, etc., et encore avant
ceux-ci les tortues, les crustacés, etc., ont été
le produit des forces vitales en action sur la Terre,
dépendantes de l'état du sol et de l'atmosphère,
de la chimie inorganique, de la quantité de chaleur et de la gravité terrestre. Le règne animal
terrestre a suivi dès son origine cette marche
continue et progressive vers le perfectionnement
de la forme type des mammifères, se dégageant
de plus en plus de la grossièreté de la matière.
L'homme est plus beau que le cheval, le cheval
plus beau que l'ours, l'ours plus beau que la
tortue. Une loi semblable a régi le règne végétal.
Les végétaux lourds, grossiers, sans feuilles,
sans fleurs ont commencé la série. Puis, avec les
siècles, les formes sont devenues plus élégantes
et plus pures. Les feuilles sont apparues, versant
dans les bois une ombre silencieuse. Les fleurs
à leur tour, sont venues embellir le jardin de la
Terre et répandre de doux parfums dans l'atmosphère jusqu'alors insipide. Cette double série
progressive des deux règnes se retrouve aujour-
d'hui dans les terrains tertiaires, secondaires

primordiaux visités par l'œil scrutateur de la géologie.

Il y eut une époque sur la Terre où quelques îles émergeant à peine du sein des eaux chaudes, dans les vapeurs abondantes d'une atmosphère surchargée, il n'y avait d'autres êtres qui se distinguassent du règne inorganique que de longs filaments en suspension dans les flots. Algues, fucus, tels sont les premiers végétaux. Sur les rochers on voit se former des êtres que l'esprit est embarrassé de nommer. Là des éponges se gonflent. Ici un arbre de corail s'élève. Plus loin des méduses se détachent comme des hémisphères de gélatine. Sont-ce des animaux? Sont-ce des plantes? La science ne répond pas. Ce sont des animaux-plantes, des zoophytes.

Mais la vie ne reste pas fixée dans ces formes. Voici des êtres non moins primitifs et tout aussi simples, qui signalent la décision d'un genre de vie spécial. Ce sont des annelés, des vers, des poissons réduits à l'état de tube, des êtres sans yeux, sans oreilles, sans sang, sans nerfs, sans volonté, espèces végétatives qui toutefois sont douées de la puissance *locomotrice*.

Plus tard des rudiments d'organes visuels apparaissent, des rudiments d'organes locomoteurs, des rudiments d'une vie plus libre. Poissons, amphibies se succèdent. Le règne animal terrestre se forme de lui-même.

Que serait-il arrivé si un premier être n'avait pas quitté son rocher? si ces éléments primitifs de la vie terrestre étaient restés fixés au point de leur formation, et si, pour une cause quelconque, la faculté de locomotion n'avait pas pris un commencement?

Il serait arrivé que le système vital terrestre, au lieu de se manifester dans deux directions différentes : monde des plantes et monde des animaux, aurait continué de se manifester seulement dans la première. Il n'y aurait eu qu'un règne au lieu de deux. Et le progrès créateur, s'opérant dans ce règne comme il s'est opéré dans le règne animal, ne se serait pas arrêté à la formation des sensitives, plantes supérieures qui déjà sont douées d'un véritable système nerveux, il ne se serait pas arrêté à la formation des fleurs, qui sont déjà si voisines de nous dans leurs actes organiques, mais, continuant son ascension, ce qui s'est produit dans le règne animal se serait produit dans le règne végétal. Il y a déjà des végétaux sentant et agissant; il y aurait eu des végétaux pensant et se faisant comprendre. La Terre n'aurait pas été pour cela privée du genre humain. Seulement le genre humain, au lieu d'être mobile comme il l'est, aurait été fixé par les pieds.

Tel est l'état du monde annulaire que j'ai habité, il y a quinze siècles, au sein de la Voie lactée.

QUÆRENS. — Sans contredit, ce monde des Hommes-Plantes m'étonne plus encore que le précédent. Mais je puis difficilement me figurer la vie et les mœurs de ces êtres singuliers.

LUMEN. — Leur genre de vie est en effet bien différent du vôtre. Ils ne bâtissent pas de villes, ne font pas de voyages et ne se donnent aucune forme de gouvernement. Ils ne connaissent point la guerre, ce fléau de l'humanité terrestre, et n'ont point cet amour-propre national qui vous caractérise. Prudents, patients et doués d'un caractère constant, ils n'ont ni la mobilité ni la fragilité des hommes terrestres. On y vit en moyenne de cinq à six siècles, d'une vie calme, douce, uniforme, sans révolutions. Mais ne pensez pas que ces Hommes-Plantes n'aient qu'une existence végétative. Au contraire, ils ont une vie très-personnelle et très-absolue. Ils sont divisés, non par castes, selon la naissance ou la fortune, comme sur la Terre, ce qui est absurde, mais par familles, dont la valeur naturelle diffère précisément selon l'espèce. Ils ont une histoire sociale, non écrite, car rien ne peut se perdre parmi eux, attendu qu'il n'y a ni émigrations ni conquêtes, mais par tradition et par génération. Chacun connaît l'histoire de sa race. Ils ont aussi deux sexes comme sur la Terre, et les unions s'y accomplissent d'une manière analogue, mais plus pure, désintéressée et toujours affectueuse. Et ce ne sont pas toujours des unions consanguines pour cela : il y a même des fécondations à distance.

QUÆRENS. — Mais enfin, comment peuvent-ils se communiquer leurs pensées, s'il est vrai qu'ils pensent? Et d'ailleurs, maître, comment vous êtes-vous reconnu vous-même sur ce singulier monde?

LUMEN. — Une même réponse donnera satisfaction à votre double question. Je regardais cet anneau de la constellation du Cygne, et la vue de mon âme s'y attachait avec persistance ; j'étais surpris moi-même de ne voir que des végétaux à sa surface, et je remarquais principalement leurs singuliers groupements sur la campagne : ici deux à deux, là trois à trois, plus loin dix à dix, ailleurs en plus grand nombre ; j'en voyais qui semblaient assis au bord d'une fontaine, d'autres qui paraissaient couchés, avec de petits rejetons autour d'eux; je cherchais à y reconnaître les espèces terrestres, comme des sapins, des chênes, des peupliers, des saules, mais je n'y retrouvai point ces formes botaniques; enfin je fixais surtout mes regards sur un végétal de la forme du figuier, sans feuilles ni fruits, mais avec des fleurs rouge-écarlate, lorsque tout à coup je vis cet énorme figuier allonger un rameau, comme un bras gigantesque, ramener l'extrémité de ce bras vers sa tête, détacher une des magnifiques fleurs qui ornaient sa chevelure et la présenter ensuite, en inclinant la tête, à un autre figuier svelte et élégant portant de douces fleurs bleues, placé à quelque distance devant lui. Celui-ci parut recevoir la fleur pourpre avec un certain plaisir, car il tendit une branche, on pourrait dire une main cordiale, à son voisin, et ils parurent se tenir longtemps ainsi.

Vous savez qu'en certaines circonstances il suffit d'un geste pour faire reconnaître une personne. C'est ce qui m'arriva devant ce tableau. Ce geste du figuier de la Voie lactée réveilla dans mon esprit tout un monde de souvenirs. Cet Homme-Plante, *c'était encore moi*, il y a quinze siècles, et je reconnus mes enfants dans les figuiers aux fleurs violettes qui m'entouraient, car

je me souvins que la couleur des fleurs descen-
dantes résulte du mélange des deux couleurs du
père et de la mère.

Ces Hommes-Plantes voient, entendent et parlent, sans yeux, sans oreilles et sans larynx. Sur
la Terre déjà, vous avez des fleurs qui distinguent
fort bien non-seulement la nuit du jour, mais encore les différentes heures du jour, la hauteur du
soleil sur l'horizon, un ciel pur d'un ciel couvert;
qui, de plus, ressentent les bruits divers avec une
exquise sensibilité, qui, enfin, s'entendent parfaitement entre elles et même avec les papillons
messagers. Ces rudiments sont développés à un
véritable degré de civilisation sur le monde dont
je vous parle, et ces êtres sont aussi complets
dans leur genre que vous l'êtes sur la Terre dans
le vôtre. Leur intelligence, il est vrai, est moins
avancée que la moyenne intellectuelle de l'humanité terrestre; mais, dans leurs mœurs et dans
leurs relations réciproques, ils apportent en toutes
choses une douceur et une délicatesse qui pourraient souvent servir de modèle à la plupart des
habitants de la Terre.

QUÆRENS. — Maître ! comment est-il possible
que l'on voie sans yeux et que l'on entende sans
oreilles?

Lumen. — Vous cesserez d'être étonné, mon vieil ami, si vous réfléchissez que la lumière et le son ne sont autre chose que deux *modes de mouvement*. Pour apprécier l'un ou l'autre de ces deux modes de mouvement, il faut (et cela suffit) être doué d'un appareil en correspondance avec lui, ne serait-ce qu'un simple nerf. L'œil et l'oreille sont ces appareils pour votre nature terrestre. Dans une autre organisation naturelle, le nerf optique comme le nerf auditif forment de tout autres organes. D'ailleurs, il n'y a pas seulement dans la nature ces deux modes de mouvements : lumineux et sonores; je puis même dire que ces qualifications dérivent de notre manière de sentir et non de la réalité. Il y a, dans la nature, non pas un, mais dix, vingt, cent, mille différents modes de mouvement. Sur la Terre, vous êtes construits pour apprécier principalement ces deux-là, qui constituent presque toute votre vie de relation. Sur d'autres mondes, il y a d'autres sens pour apprécier la nature sous d'autres aspects, sens dont les uns tiennent la place de vos yeux et de vos oreilles, et dont les autres sont dirigés vers des perceptions tout à fait étrangères à celles qui sont accessibles aux organismes terrestres.

QUÆRENS. — Lorsque vous me parliez tout à l'heure des Hommes-Plantes du monde du Cygne, l'idée m'est venue de vous demander si les plantes terrestres ont une âme.

LUMEN. — Sans contredit. Les plantes terrestres sont douées d'une âme, aussi bien que les animaux et les hommes. Sans l'âme virtuelle, aucune organisation ne saurait être. La *forme* d'un végétal est faite par son âme. Pourquoi un gland et un noyau plantés l'un à côté de l'autre, dans le même sol, sous la même exposition et identiquement dans les mêmes conditions, produiront-ils, le premier un chêne, le second un pêcher? Parce qu'une force organique résidant dans le chêne construira son végétal spécial, et qu'une autre force organique, une autre âme, résidant dans le pêcher, tirera à elle d'autres éléments pour former également son corps spécifique; de même que l'âme humaine se construit elle-même son propre corps, en se servant des moyens mis par la nature terrestre à sa disposition. Seulement, l'âme de la plante n'a pas conscience d'elle-même.

Ames de végétaux, âmes d'animaux, âmes d'hommes, sont déjà des êtres arrivés à un degré de personnalité, d'autorité suffisant pour plier à leur ordre, dominer et régir sous leur direction les autres forces non personnelles répandues dans le sein de l'immense nature. La monade humaine, par exemple, supérieure à la monade du sel, à la monade du carbone, à la monade de l'oxygène, les absorbe et les incorpore dans son œuvre. Notre âme humaine dans notre corps terrestre, sur la Terre, régit sans s'en apercevoir tout un monde d'âmes élémentaires formant les parties constitutives de son corps. La matière n'est pas une substance absolument solide et étendue. C'est un assemblage de centres de forces. La substance n'a pas d'importance. D'un atome à l'autre, il y a un vide immense relativement aux dimensions des atomes. A la tête des divers centres de forces constitutifs qui forment le corps humain, l'âme humaine gouverne toutes les âmes ganglionnaires qui lui sont subordonnées...

Quærens. — J'avoue, mon profond instituteur, que je ne saisis pas bien clairement cette théorie.

Lumen. — Aussi va-t-elle être illustrée par un exemple qui la fera passer pour vous à l'état de fait.

Quærens. — A l'état de fait? Êtes-vous donc une réincarnation de la princesse Sheezarade, et m'avez-vous fasciné dans un nouveau conte des *Mille et Une Nuits?*

IV

Lumen. — Avant d'avoir été *arbre pensant*, il y a quinze siècles, sur le monde annulaire de la constellation du Cygne, j'ai été, il y a environ 2,400 ans, habitant du système θ (*Thêta*) d'Orion. Vous connaissez, et vous avez souvent admiré avec moi cette riche constellation. L'étoile θ se trouve au-dessous de l'Épée suspendue au Baudrier, et brille sur le bord de la fameuse nébuleuse. Elle est beaucoup plus rapprochée des régions célestes où nous sommes que cette nébuleuse enfoncée dans le lointain des cieux. Sa lumière emploie 2,400 ans pour traverser la distance qui la sépare de Capella, où subsiste toujours mon observatoire, point autour duquel gravite notre entretien.

Ce système de θ d'Orion est l'un des plus singuliers qui existent dans l'écrin, si diversifié pourtant, des diamants célestes. Il est composé de quatre soleils principaux disposés en quadrilatère. Deux de ces soleils, formant ce que je pourrais appeler la base du quadrilatère, sont en outre accompagnés, l'un d'un soleil, l'autre de deux.

C'est donc un système de sept soleils, autour de chacun desquels gravitent des planètes habitées.

J'étais alors sur une planète tournant autour d'un soleil secondaire. Celui-ci tourne autour de l'un des quatre soleils principaux. Celui-ci à son tour circule, de concert avec les autres, du reste, autour d'un centre de gravité invisible placé dans l'intérieur du quadrilatère. Je n'insiste pas sur les mouvements : la mécanique céleste vous les expliqués.

J'étais donc éclairé et échauffé sur ma planète par sept soleils à la fois : par un plus grand et plus ardent en apparence que les six autres, parce que c'était le plus rapproché de moi ; par un second très-grand et également brillant ; par trois de moyenne dimension, et par deux petits jumeaux. Mon soleil principal était bleu indigo ; mon second était jaune-orange ; mes trois petits étaient blancs, et les deux derniers ressemblaient à deux yeux de bis.

QUÆRENS. — Comment ? il y a dans le ciel de pareils soleils de couleur, doubles et multiples !

LUMEN. — Un très-grand nombre. Le système dont je vous parle entre autres est connu des astronomes de la Terre, qui comptent maintenant par milliers dans leurs catalogues les systèmes d'étoiles doubles, multiples et colorées. Vous pouvez l'étudier vous-même au télescope.

Or, sur la planète d'Orion, que j'ai désignée tout à l'heure, les êtres ne sont ni végétaux, ni animaux. Ils ne sauraient être rangés dans aucune classification de la vie terrestre, ni même dans l'une des deux grandes divisions en règne végétal et règne animal. Je ne sais vraiment à quoi les comparer pour vous donner une idée de leur forme.

Avez-vous vu dans les jardins botaniques le cierge gigantesque, le *cereus giganteus?*

Quærens. — Je connais particulièrement ce végétal. Son nom lui vient de sa ressemblance avec les cierges à trois ou plusieurs branches que l'on allume dans les temples.

Lumen. — Eh bien ! les hommes de θ Orionis offrent quelque ressemblance avec cette forme. Seulement, ils se meuvent lentement et se tiennent debout par un procédé de succion, comme des ampoules. La partie inférieure de leur tige verticale, celle qui pose à terre, allonge légèrement, à la manière des étoiles de mer, de petits appendices qui se fixent au sol en faisant le vide. Ces êtres vont souvent par troupes, et changent de latitude suivant les saisons.

Mais voici le point le plus curieux de leur organisation, celui qui met en évidence le principe
dont je parlais tout à l'heure sur la réunion des
âmes élémentaires dans le corps humain.

Ayant examiné ce monde, où j'ai vécu, il y a
2,400 ans, et dont la lumière met ce temps à
m'arriver ici, je m'étais reconnu dans l'un de ces
êtres. Je me voyais seul, debout, au milieu d'un
paysage orionique. Je me regardais, me ressouve-
nant du temps lointain où j'habitais ce monde.
J'étais alors semblable à un végétal de dix mètres
de taille, sans feuilles ni fleurs, essentiellement
composé d'une tige cylindrique, terminée dans sa
partie supérieure par plusieurs embranchements
rappelant ceux d'un chandelier. Le diamètre de la
tige centrale, comme celui des branches, pouvait
bien mesurer un pied. L'extrémité supérieure de
la tige et des branches était couronnée d'un diadème de franges argentines.

Tout à coup, je vois cet être agiter ses branches
et s'évanouir.

Alors, je me souvins. Dans ce monde, on voit
souvent des individus très-bien portants s'écrouler
littéralement tout d'une pièce.

Les molécules qui les constituent tombent,
toutes ensemble, à terre. L'individu cesse d'exister

personnellement. Ses molécules se répandent à la surface du sol et se dispersent.

Quærens. — Elles se désagrègent et vont faire l'école buissonnière?

Lumen. — A peu près. Je me souviens que cette décomposition du corps arrive fort souvent pendant la vie. Tantôt elle est le résultat d'une contrariété, tantôt de la fatigue des membres, tantôt d'un désaccord organique entre les différentes parties. On existe intégralement, comme vous l'êtes actuellement, puis soudain on se trouve réduit à sa plus simple expression. La molécule cérébrale qui vous constitue essentiellement se sent descendre par suite de la chute de ses sœurs le long des membres et arrive à la surface du sol, solitaire et indépendante.

Quærens. — Ce mode de disparition serait quelquefois un procédé fort commode ici-bas. Pour sortir d'une situation embarrassante, par exemple d'une scène conjugale à la Molière, ou d'un quart d'heure désagréable comme celui de Rabelais, ou d'une impasse douloureuse telle que l'échelle d'un échafaud, il suffirait de ne plus retenir ses atomes constitutifs, et... bonsoir la compagnie...

Lumen. — Vous prenez le fait en plaisanterie; mais je vous affirme que sa réalité est incontestable. Il existerait sur la Terre comme sur la planète d'Orion, si le principe d'autorité ne régnait pas si fortement chez vous. Il y existe élémentairement. Votre corps est formé de molécules animées. Votre moelle épinière, comme l'a dit un de vos éminents physiologistes, est une série linéaire de centres à la fois indépendants et gouvernés. Les parties essentielles constitutives de votre sang, de votre chair, de vos os sont dans le même cas. Ce sont des provinces avec une administration autonomique, mais soumises à une autorité supérieure.

Le fonctionnement de cette autorité supérieure est une condition de la vie humaine, condition qui est moins exclusive chez les animaux inférieurs. Sous chaque anneau du ver nommé lombric, il y a un ver complet, de sorte qu'un lombric représente une série d'êtres semblables constituant une véritable société de coopération vitale. Coupé par anneaux, le ver constitue autant d'individus indépendants. Dans le ténia, ou ver solitaire, la tête est déjà plus importante que le reste et possède, comme les plantes, la faculté de reproduire le reste du corps dont on a pu la démeubler. La sangsue est également un être formé d'individus soudés. Coupée de cinq en cinq anneaux, l'opération donne autant de sangsues. De même qu'une branche repousse à l'arbre, de même la patte de l'écrevisse ou la queue du lézard se reconstituent. En réalité, les animaux vertébrés — tels que l'homme, par exemple — sont composés dans leur arbre essentiel (la moelle épinière et son épanouissement supérieur au cerveau) de segments juxtaposés, de centres nerveux, dont chacun est doué d'une âme élémentaire.

La loi d'autorité en action sur la Terre a déterminé dans la série animale une direction prépondérante. Vous êtes composé d'une multitude d'êtres groupés et dominés par l'attraction plastique de votre âme personnelle, qui, du centre de votre être, a formé votre corps dès l'embryon, et a réuni autour d'elle, dans son microcosme, tout un monde d'êtres qui n'ont pas encore conscience de leur individualité.

Quærens. — Sur la planète d'Orion, la nature elle-même est donc à l'état de république absolue?

Lumen. — République gouvernée par la *loi*.

Quærens. — Mais quand un être se trouve ainsi décomposé, comment peut-il ensuite se reconstituer intégralement?

Lumen. — Par la volonté, et souvent sans le moindre effort et par un désir même furtif. Pour être séparées de la molécule cérébrale, les molécules corporelles ne lui sont pas moins toujours rattachées intimement. A un moment donné, elles se réunissent et reprennent chacune leur place. La molécule directrice attire les autres à distance, comme l'aimant attire la limaille de fer.

Quærens. — Je m'imagine volontiers voir toute cette armée lilliputienne surprise par un coup de sifflet, et, se resserrant à son centre, organiser la réunion de tous ces petits soldats, lesquels, grimpant agilement les uns sur les autres, arrivent en un clin d'œil à reconstituer l'homme-vierge que vous m'avez dépeint. En vérité, il faut certainement quitter la Terre pour voir de pareilles nouveautés !

Lumen. — Vous jugez encore de la nature universelle par l'atome que vous avez sous les yeux, et vous n'êtes apte à comprendre que les faits qui rentrent dans la sphère de vos observations. Mais je vous le répète, la Terre n'est pas le type de l'univers.

Ce monde de θ Orionis, avec ses sept soleils rouant, est peuplé par un système organique analogue à celui que je viens de vous définir. J'ai vécu là il y a 2,400 ans et je m'y revois actuellement en raison du temps que met la lumière pour venir de ce point de l'espace à Capella. J'y ai connu l'esprit qui en ce siècle s'incarna sur la Terre et publia ses études sous le nom d'Allan-Kardec. Durant notre vie terrestre, nous ne nous souvenions point de nous avoir connus, mais cependant nous nous sentions parfois attirés l'un vers l'autre par de singuliers rapprochements de pensées. Maintenant qu'il est revenu comme moi dans le monde des Esprits, il se souvient aussi de la singulière république d'Orion et peut la revoir. Oui, bien singulière et pourtant réelle. Vous n'avez aucune notion sur votre pauvre planète de la diversité inimaginable qui sépare les mondes, tant dans leur géologie que dans leur physiologie organique. Ces entretiens peuvent servir à éclairer votre connaissance sur ce fait général, si important dans la conception de l'univers.

Mais le service scientifique que ces entretiens peuvent surtout vous rendre, c'est encore de vous avoir appris que la lumière est le mode de transmission de l'histoire universelle. Avec la puissante faculté visuelle dont nous jouissons ici, nous pouvons distinguer la surface des mondes lointains. L'œil de notre « périsprit » n'est pas identique à l'œil du corps. Dans l'œil corporel, les rayons divergent, de sorte qu'un très-petit corps placé tout près de l'œil remplit l'intervalle de deux rayons, tandis qu'à une plus grande distance un plus grand corps est nécessaire pour remplir l'espace proportionnellement accru qui sépare les mêmes rayons. Dans notre œil, au contraire, les rayons visuels entrent en lignes parallèles, de sorte que nous voyons chaque objet dans sa proportion réelle et dans sa grandeur normale, sans que sa grandeur apparente soit influencée en rien par la distance. Nous ne voyons pas en entier certains grands objets, mais seulement des sections proportionnées à l'ouverture de notre rétine particulière, et ces parties sont visibles pour nous avec une égale clarté à toute distance (quand nous n'avons pas d'atmosphère pour voiler cette distance), et un arbre d'une prairie d'un corps céleste aussi lointain que θ d'Orion l'est de Capella, est parfaitement visible pour nous.

D'autre part, d'après la loi de la transmission successive de la lumière, tous les événements de la nature, l'histoire de tous les mondes, sont répandus dans l'espace comme le tableau universel le plus vrai et le plus grandiose de la nature entière.

Voici bientôt venir l'aurore, qui met en fuite les esprits, et va faire évanouir notre entretien, comme la clarté de Vénus s'évanouit aux approches du jour terrestre. J'aurais aimé cependant ajouter aux vues précédentes une remarque bien intéressante inspirée par les mêmes observations. C'est celle-ci. Si vous partiez de la Terre au moment où un éclair jaillit, et que vous voyagiez pendant une heure ou davantage avec la vitesse de la lumière, vous verriez l'éclair pendant aussi longtemps que vous le regarderiez. Ce fait est établi d'après les principes exposés plus haut. Mais, si au lieu de vous éloigner *exactement* avec la vitesse de la lumière, vous vous éloigniez avec une vitesse un peu inférieure, voici l'observation que vous pourriez faire. Je suppose que ce voyage d'éloignement de la Terre, pendant lequel vous regardez l'éclair, dure une minute. Je suppose que l'éclair dure un millième de seconde. Vous aurez continué de voir l'éclair pendant 60,000 fois sa durée. Dans notre première supposition, ce voyage est identique à celui de la lumière. La lumière a employé 60,000 dixièmes de seconde pour se rendre de la Terre au point de l'espace où vous êtes : votre voyage et le sien ont coexisté. Or, si au lieu de voler juste avec la même vitesse que la lumière, vous aviez volé un peu moins vite, et que, par exemple, vous ayez employé un millième de seconde de plus pour arriver au même point, au lieu de voir toujours *le même moment de l'éclair*, vous auriez vu successivement les divers moments qui constituent la durée totale de l'éclair, égale à un millième de seconde. Dans cette minute entière, vous auriez eu le temps de voir d'abord le commencement de l'éclair, d'en analyser le développement, les phases, et la suite, jusqu'à la fin. Concevez alors quelles étranges découvertes on pourrait faire dans la nature intime de l'éclair, grossi 60,000 fois dans l'ordre de la durée ! Quelles batailles effrayantes vous auriez le temps d'apercevoir dans ses flammes ! Quel pandémonium ! Quels sinistres d'atomes ! Quel monde caché par sa fugacité aux yeux imparfaits des mortels !

Quand vous voyagez avec la vitesse de la lumière, vous voyez constamment le tableau qui existait au moment de votre départ. Si vous restez pendant un an emporté par cette même vitesse, vous avez pendant un an le même événement sous les yeux. Mais si, pour mieux voir un événement qui n'aurait duré que quelques secondes, comme par exemple la chute d'une montagne, une ava-

lanche, un tremblement de terre, vous partez de
façon à voir le commencement de la catastrophe,
et, en ralentissant un peu vos pas sur ceux de la
lumière, à ne pas voir constamment ce commencement, mais bientôt le premier moment qui l'a
suivi, puis le second moment, et ainsi de suite, de
manière à n'arriver à voir la fin qu'après une
heure d'examen en suivant presque la lumière :
l'événement dure pour vous une heure au lieu de
quelques secondes, vous voyez les rochers ou les
pierres suspendus en l'air, et pouvez ainsi vous
rendre compte du mode de production du phénomène et de ses péripéties ralenties.

Je vois dans votre pensée que vous comparez
ce procédé à celui d'un microscope qui grossirait
le temps. C'est exactement cela. Nous voyons
ainsi le temps amplifié. Ce procédé ne peut pas
recevoir rigoureusement la dénomination de microscope, mais plutôt celle de *chronoscope*, ou de
chrono-télé-scope (voir le temps de loin).

La durée d'un règne peut, par le même procédé, être augmentée selon le bon plaisir d'un parti
politique. Ainsi, par exemple, Napoléon II n'ayant
régné que trois heures, on pourrait le voir régner
pendant quinze ans *successivement*, en dispersant
les 180 minutes formant les trois heures le long

de 180 mois, en s'éloignant de la Terre avec une vitesse un peu inférieure à celle de la lumière, de manière à ce que, en partant à la première minute où les Chambres ont reconnu Napoléon II, on n'arrive à la dernière minute de son règne fictif qu'au bout de quinze ans seulement. Chaque minute serait vue pendant un mois, chaque seconde pendant douze heures.

La conclusion de cet entretien, mon cher Quærens, réside tout entière dans son principe. Je voulais vous apprendre que la loi physique de la *transmission successive de la Lumière* dans l'espace est un des *éléments fondamentaux des conditions de la vie éternelle.* Par cette loi, tout événement est impérissable, et le passé toujours présent. L'image de la Terre d'il y a 6,000 ans est actuellement dans l'espace, à la distance que la lumière franchit en 6,000 ans : les mondes situés en cette région voient la Terre de cette époque. Nous pouvons revoir notre propre existence directement, et nos diverses *existences antérieures ;* il suffit pour cela d'être à une distance convenable des mondes où nous avons vécu. Il y a des étoiles que vous voyez de la Terre et qui n'existent plus, parce qu'elles se sont éteintes après avoir émis les rayons lumineux qui vous arrivent seulement maintenant ; de même que vous pourriez recevoir la voix d'un homme éloigné, lequel pourrait être mort avant l'instant où vous l'entendez, s'il avait été, par exemple, frappé d'apoplexie immédiatement après avoir jeté son cri.

Je suis heureux que ce cadre m'ait permis de vous tracer en même temps un tableau de la diversité de ces existences et de la *possibilité de formes vivantes inconnues à la Terre*. Ici encore, les révélations d'Uranie sont plus grandes et plus profondes que celles de toutes ses sœurs. *La Terre n'est qu'un atome dans l'univers.*

Je m'arrête là ; toutes ces nombreuses et diverses applications des lois de la Lumière vous étaient restées inaperçues. Sur la Terre, dans cette caverne obscure, si judicieusement qualifiée par Platon, vous végétez dans l'ignorance des forces gigantesques en action dans l'univers. Le jour viendra où la science physique découvrira dans la lumière le principe de tout mouvement et la raison intime des choses. Déjà, depuis quelques années, l'analyse spectrale vous a appris à voir dans l'examen d'un rayon lumineux venu du Soleil ou d'une étoile les substances qui constituent ce soleil et

tte étoile ; déjà vous pouvez déterminer, à tra-
rs une distance de millions et de trillions de
ues, la nature des corps célestes dont vous
cevez le rayon lumineux! L'étude de la lu-
ière vous prépare des résultats plus magnifi-
ues encore, et dans la science expérimentale, et
ans ses applications à la philosophie de l'uni-
ers.

Comme ces entretiens vous l'ont montré, j'ai
oyagé dans un grand nombre de pays célestes
fférents, et je ne me suis encore fixé, incarné,
ulle part. J'espère, dans le courant du siècle
rochain, me réincarner sur un monde dépen-
ant du cortége de Sirius. L'humanité y est plus
elle que celle de la Terre. Les naissances s'effec-
ent suivant un système organique moins ridi-
ule et moins brutal que le système terrestre;
ais le caractère le plus remarquable de la vie
ur ce monde, c'est que l'homme y perçoit les
pérations physico-chimiques qui s'accomplissent
ans l'entretien du corps. Dans votre organisme
rrestre, vous ne voyez pas comment, par exem-
le, les aliments absorbés s'assimilent, comment
sang, les tissus, les os, se renouvellent : toutes
fonctions s'accomplissent instinctivement, sans
e la pensée les perçoive. Aussi subit-on mille

maladies, dont l'origine est cachée et souven
introuvable. Là, l'homme sent les actes de so
entretien vital, comme vous sentez un plaisir (
une douleur. De chaque molécule du corps, po
ainsi dire, part un nerf qui transmet au cerve
les impressions variées qu'elle reçoit. Si l'hom
terrestre était doué d'un pareil système nerveu
en plongeant ses regards dans l'organisme pa
l'intermédiaire des nerfs, il verrait comment l'al
ment se transforme en chyle, celui-ci en sang, l
sang en bile, en salive, en matière nerveuse, etc.
il se verrait lui-même. Mais vous en êtes loin, l
centre animique de vos perceptions étant dé
embarrassé par les nerfs multipliés des lobes cér
braux et des couches optiques.

Un autre caractère précieux de l'organisatic
vitale du monde Sirien, c'est que l'âme pe
changer de corps sans passer par la circo
stance de la mort, souvent désagréable, et to
jours triste. Un savant qui a travaillé toute sa v
pour l'instruction de l'humanité et voit arriver
fin de ses jours sans avoir pu terminer ses nobl
entreprises, peut changer de corps avec un jeu
adolescent et recommencer une nouvelle vie, pl
utile encore que la première. Il suffit, pour cel
transmigration, du consentement de l'adolesce

et de l'opération magnétique d'un médecin compétent. On voit aussi parfois deux êtres, unis par les liens si doux et si forts de l'amour, opérer un pareil échange de corps après plusieurs années d'union : l'âme de l'époux vient habiter le corps de l'épouse, et réciproquement, pour le reste de la vie. L'expérience intime de la vie devient incomparablement plus complète pour chacun d'eux. Ce système de Sirius est supérieur à celui-ci, et j'espère y accomplir ma prochaine existence corporelle.

Mon but n'est pas de vous entretenir sur les mondes que je pourrais habiter dans l'avenir; il était seulement de vous faire connaître ceux que j'ai habités dans le passé. Par là, vous pouvez entrevoir l'incommensurable diversité qui existe dans les productions animées de tous les systèmes solaires disséminés dans l'espace.

En m'accompagnant en esprit dans ce voyage intersidéral, vous avez passé quelques heures loin de la Terre. Il est bon de s'isoler parfois ainsi dans les célestes sentiers. L'âme prend mieux possession d'elle-même, et, dans ses réflexions solitaires, elle pénètre profondément à travers l'universelle réalité. L'humanité terrestre, vous l'avez compris, est, au moral comme au physique,

la résultante des forces virtuelles de la Terre. La
forme humaine, la taille, le poids, dépendent de
ces forces. Les fonctions organiques sont déterminées par la planète. Si la vie est partagée ici
en travail et en repos, en activité en sommeil,
c'est à cause de la rotation du globe et de la nuit :
dans les globes lumineux ou éclairés par plusieurs
soleils alternatifs, on ne dort pas. Si l'on mange
et si l'on boit ici, c'est à cause de l'état imparfait
de l'atmosphère. Le corps des êtres qui ne man-
gent pas n'est pas construit comme le vôtre,
puisqu'ils n'ont besoin ni d'estomac ni de ventre.
L'œil terrestre vous fait voir l'univers d'une certaine façon : l'œil saturnien voit d'une manière
différente ; il y a des sens qui perçoivent autre
chose que ce que vous percevez et qui ne voient
pas ce que vous voyez dans la nature. Chaque
monde est habité par des races essentiellement
différentes, et qui ne sont parfois ni végétales ni
animales. Il y a des hommes de toutes les formes
possibles, de toutes les dimensions, de tous les
poids, de toutes les couleurs, de toutes les sensations et de tous les caractères. L'univers est un
infini. Notre existence terrestre n'est qu'une phase
dans l'infini. Une diversité inépuisable enrichit ce
champ merveilleux de l'éternel Semeur.

Le rôle de la science est d'étudier ce que les ⟨se⟩ns terrestres sont capables de percevoir. Le ⟨rô⟩le de la philosophie est de former la synthèse ⟨de⟩ toutes les notions restreintes et déterminées, ⟨et⟩ de développer la sphère de la pensée. Mainte⟨n⟩ant, mon cher ami terrestre, vous savez ce que ⟨c'⟩est que la Terre dans l'univers, vous savez élé⟨m⟩entairement ce que c'est que le Ciel, et vous ⟨sa⟩vez aussi ce que c'est que la Vie…. et ce que ⟨c'⟩est que la Mort.

Mais la réfraction de l'atmosphère terrestre ⟨é⟩tend au delà du zénith la lumière émanée du ⟨l⟩ointain soleil. Les vibrations du jour m'empê⟨c⟩hent de me communiquer plus longtemps à ⟨v⟩ous… Adieu, mon digne ami. Adieu! ou plutôt: ⟨a⟩u revoir! De grands événements vont s'accom⟨p⟩lir autour de vous. Après la tempête, je revien⟨d⟩rai peut-être, une dernière fois, vous donner ⟨s⟩igne d'existence, vous montrer que je ne vous ⟨o⟩ublie point. Puis, plus tard, quand vous aurez ⟨c⟩essé de vivre sur cette médiocre planète, je vien⟨d⟩rai au-devant de vous, et nous ferons ensemble ⟨u⟩n voyage réel à travers les inénarrables splen⟨d⟩eurs de l'immensité. Dans les rêves les plus téméraires de votre imagination, vous ne vous formerez jamais une idée, même approchée, des stupéfiantes curiosités, des merveilles inimagi nables, qui vous attendent.

RÉCITS DE L'INFINI

HISTOIRE

D'UNE COMÈTE

HISTOIRE

D'UNE COMÈTE

PRÉFACE

Le récit qui va suivre n'est pas un roman de pure fantaisie, éclos spontanément dans les champs trop fertiles de l'imagination ; il appartient pour le fond et par droit de naissance aux études positives : il est né sur le sol scientifique.

La Comète que nous allons mettre en scène, et qui va nous prêter les éléments de notre narration, n'est pas un mythe : elle existe ; et des millions de personnes l'ont vue briller sur leur tête, comme on en sera convaincu à la fin de cette histoire.

Les dates de ses apparitions antérieures n'ont pas été arbitrairement imaginées, mais calculées d'après des éléments elliptiques dignes de toute la confiance des honnêtes gens ; ces éléments sont connus des astronomes, et la limite de l'erreur possible ne s'élève pas à plus d'un centième [1].

L'état des lieux que visite notre téméraire touriste n'est pas davantage établi sans raison, mais, au contraire, fondé soit sur l'observation directe, soit sur l'induction.

De tous les phénomènes décrits, il n'en est pas un seul, même le moindre, qui soit légèrement inventé. Là parole n'est pas venue errer à tort et à travers, mais elle est restée l'humble servante de son auguste maîtresse la Vérité.

Telle est la trame solide du tissu que nous avons pris plaisir à broder à l'intention de nos lecteurs.

1. MM. les astronomes reconnaîtront de suite de quelle comète il s'agit, si nous leur disons que ses éléments sont les suivants :

$$T = 1811, \text{ sept. } 12, 26.$$
$$\pi = 75^\circ\ 1'\ 0''.$$
$$\Omega = 140^\circ\ 24'\ 26''.$$
$$i = 73^\circ\ 2'\ 43''.$$
$$q = 1.03558.$$

Nous pouvons même ajouter, par surcroît, que sa distance aphélie = 421.02 ; son demi grand axe, 211.03 ; son excentricité, 0.9951 ; et que le sens de son mouvement est rétrograde.

1

OU LA COMÈTE REMARQUE POUR LA PREMIÈRE FOIS
L'EXISTENCE DE LA TERRE

Vers *l'an six cent onze mille cent quatre-vingt neuf avant l'ère chrétienne*, la grande Comète que les habitants de Jupiter observaient depuis bientôt cent quarante mille ans remarqua pour la première fois, non loin du Soleil, une petite planète 1,400 fois plus petite que celle dont nous venons de parler; globe bien chétif, tournant assez gauchement sur lui-même, enveloppé de vapeurs grossières, soumis à d'effrayantes révolutions géologiques et atmosphériques, enfin inhabitable pour la race humaine.

Cette comète, dont la queue ne mesurait pas moins de quatre-vingts millions de lieues de longueur, dont le noyau non encore solide avait un circuit de dix mille lieues, et dont la belle chevelure n'avait pas moins de neuf cent mille lieues d'épaisseur, — ses dimensions sont encore aujourd'hui la moitié de ce qu'elles étaient alors;

14

— cette Comète, qui jusque-là s'était spécialement occupée de l'observation des mondes de Jupiter, Saturne, Uranus, Neptune, etc., et qui n'avait jamais frayé qu'avec la plus noble société du ciel, fut étrangement et désagréablement surprise à l'aspect du pauvre petit monde terrestre.

Tout en appréciant l'étendue du pouvoir de la nature, elle était loin de se douter que ces astres lilliputiens fussent possibles. Elle y regarda à plusieurs fois avant d'en croire ses yeux, et ce ne fut qu'après avoir reconnu l'absence de toute cause d'illusion ou de mirage qu'elle voulut bien condescendre à accepter la réalité. L'existence de cette infime position sociale la grandit encore à ses propres yeux. Se drapant dans sa majesté cométaire, elle passa dédaigneuse près du pauvre rejeton en détournant la tête, releva fièrement son aigrette, puis, rebroussant chemin, retourna dans les déserts de l'espace et poursuivit avec orgueil son vol splendide à travers les cieux immenses.

Ainsi passent, trop souvent, hélas ! les grands auprès des petits, les puissants auprès des faibles, méconnaissant par leur dédain la valeur des humbles et follement oublieux de la justice, comme si les êtres qui paraissent le plus disgraciés n'étaient pas les enfants de la mère nature et les membres de la même famille universelle !

Cependant, en réalité (il faut bien l'avouer), c'est un bien petit monde que le nôtre pour ceux qui ne se font pas illusion, comme nous, sur son importance. Nos sentiments de patriotisme, quelque naturels qu'ils soient, grossissent un peu sa valeur, et les voyageurs de l'espace qui l'aperçoivent pour la première fois ne peuvent guère se douter que nous en fassions un si grand cas.

Cette Comète, l'une des plus belles, pour ne pas dire la plus magnifique de notre système, ne s'approche jamais plus près du Soleil que ne l'est la Terre : 37 millions de lieues. Elle suit dans l'espace une orbite elliptique, et, lorsqu'elle arrive vers la région où nous sommes, elle décrit rapidement un demi-cercle, et s'en retourne. L'astre chevelu, emporté par sa vitesse d'un millier de lieues par minute, remonte vers les confins du royaume planétaire et traverse les orbites de tous les mondes. Comme s'il regrettait le beau soleil à l'étincelante couronne, il ralentit son vol à mesure qu'il s'éloigne de lui. Il s'enfonce jusqu'à la distance de quinze milliards trois cent quatre-vingt-sept millions huit cent mille quatre cents lieues du Soleil : c'est son aphélie ; arrivé dans les lointains de cet espace obscur, sa course ralentie ne possède plus guère que la vitesse du vent, quelques mètres par seconde. Mais sa courbe se ferme de nouveau et se retourne vers l'astre radieux, dont le disque a successivement diminué de grandeur, à un tel point qu'en cet éloignement on ne l'aperçoit plus que sous l'aspect d'une simple étoile. A cette effrayante distance, toutefois, le Soleil la rappelle encore, et elle reconnaît sa voix. Alors elle se retourne vers lui, et des hauteurs polaires fond sur l'écliptique, en évitant soigneusement le réseau que Jupiter et Saturne tendent sur son passage; on voit sa vitesse augmenter, s'accroître, devenir immense, prodigieuse, ardente comme le désir, et la voilà qui se précipite de nouveau vers le Soleil, foyer des attractions planétaires. Après quinze siècles de voyage, elle arrive dans les splendeurs du périhélie; le cône de vapeurs flamboyantes, qui s'était resserré à mesure que la Comète s'éloignait du Soleil, et qui avait complétement disparu, renaît et se développe à mesure qu'elle se rapproche du centre des sphères. Sa forme reprend son ampleur et sa figure, ses rayonnements dorés et ses richesses, comme on voit les courtisans revêtir leurs habits de fête lorsqu'ils paraissent en présence du roi. C'est qu'alors la Comète est entrée dans le domaine rayonnant du roi de la lumière : elle développe majestueusement devant les yeux stupéfaits les magnificences de sa beauté et de sa parure.

Lorsqu'en *l'an six cent huit mille cent vingt-quatre avant Jésus-Christ* l'astre flamboyant revint de sa traversée et repassa dans les parages qu'habite la Terre, son attention, excitée de nouveau par ce petit globe vert de mer ne put s'en distraire complétement. Certaines grandes personnes s'intéressent volontiers, par contraste, aux petits enfants, et l'on se laisse souvent intriguer par la marche des mécanismes microscopiques. La Comète daigna donc se mettre en observation et voulut connaître jusqu'à quel degré de vie ce globe mesquin avait pu s'élever.

Il arriva précisément qu'à cette période elle resta pendant une année entière en vue de la Terre et en position favorable pour l'observation de cette planète ; mais elle ne put, toutefois, se soustraire à la direction contraire qui l'emportait.

Au lieu de se diriger de l'ouest à l'est, comme toutes les planètes et presque tous les satellites du système, elle se meut de l'est à l'ouest, c'est-à-dire en sens *rétrograde*. Cette loi malencontreuse développa, comme il arrive toujours par la difficulté, son ardeur d'investigation, et pendant les douze mois que la Terre resta dans la limite de sa visibilité, elle ne perdit pas une nuit, pas un jour d'examen.

Elle remarqua d'abord, comme elle s'en était bien doutée, que ce rejeton de monde était alors inhabitable pour des êtres intelligents. Il roulait lentement sur lui-même; mais les alternatives de la nuit et du jour ne produisaient aucun effet sur lui, attendu qu'il émettait de son propre sein une chaleur infiniment plus élevée que celle qu'il recevait du Soleil. Les brouillards, les vapeurs et les fumées qui l'enveloppaient, auraient, du reste, suffi pour mettre obstacle aux rayons solaires. A mesure qu'elle approchait du monde terrestre, elle s'efforçait de mieux distinguer la nature de sa surface ; mais elle n'avait pas encore vu de monde aussi pauvre, et, ne pouvant se résoudre à ce qu'une planète fût aussi misérable, elle attendait qu'une éclaircie dans l'atmosphère permît aux rayons du soleil de mieux pénétrer et d'illuminer convenablement la scène. Ceci se produisit vers le solstice. Était-ce le solstice d'hiver ou le solstice d'été? L'histoire n'en dit rien, d'autant plus qu'à cette époque lointaine la Terre n'avait pas encore de saisons, et qu'en vertu de sa chaleur propre elle avait aussi chaud au cœur de l'hiver qu'en plein été. Quoi qu'il en soit du jour précis, la Comète ne put retenir un cri d'exclamation lorsqu'elle fut parvenue à distinguer clairement la surface terrestre.

« Un monde de coquilles ! » s'écria-t-elle.

Elle ne se trompait pas. La Terre en était alors à son époque *secondaire ;* les terrains triasiques se formaient, et l'on se trouvait en pleine période *conchylienne.*

Quelques millions d'années avant cette époque, il y avait eu d'abord condensation et chute des eaux sur le globe entièrement liquide ; mille combinaisons terribles de gaz, de vapeurs, de substances incandescentes, avaient sillonné le sein brûlant de la sphère récemment éclose ; de part en part, le chaos plutonien, dissolvant et reconstituant les fondations agitées du nouveau monde, avait éteint les révolutions dans des révolutions nouvelles ; son bras énorme n'avait maîtrisé les forces du foyer en travail qu'en lui donnant le globe tout entier en pâture. Dans ce laboratoire immense, la nature s'était exercée à des manipulations chimiques d'où sont issus les volcans aux gueules enflammées, les éruptions de laves, les sources d'eau bouillantes, les geysers de vapeurs; plus tard, une croûte s'était formée à la surface du globe en fusion, comme on voit une pellicule recouvrir le creuset de plomb qui refroidit, et les convulsions s'étaient un peu calmées.

Après cette époque *primitive*, pendant laquelle aucun être vivant, végétal ou animal, n'était apparu, la nature s'était recueillie pendant l'époque de *transition*, lente et majestueuse période dont nul esprit ne saurait concevoir l'âge et la durée : alors s'étaient accomplis les premiers mystères de la génération des êtres, et, parmi les tourmentes et les agitations incessantes de la surface non encore consolidée, les premiers végétaux, algues et fucus, les premiers animaux, zoophytes polypiers, étaient apparus au sein de la mer universelle.

Plus tard encore les marais primitifs s'étaient vus recouverts d'un immense duvet végétal, et le règne des plantes avait inauguré l'ère de ses splendeurs. Premier maître du globe récent, il avait déployé toutes ses richesses dans son empire, et nulle autre époque ne vit depuis semblable exubérance de formes ni pareille domination. Plantes d'une simplicité extrême, dépourvues de fleurs et de fruits, mais d'une grosseur et d'une élévation prodigieuses, elles avaient étendu le rayonnement de leur splendide verdure sur tous les bancs, toutes les langues, toutes les presqu'îles que l'onde dominatrice avait laissés à la terre. C'était comme une seule mer coupée d'oasis verdoyantes. Les fougères arborescentes, les calamites, les sigillaires, les lépidodendrons, les lomatophloios, les équisétacées, s'étaient disputé la souveraineté des îles. C'est de ce temps que date la formation des houilles qui nous chauffent aujourd'hui, vastes couches végétales qui ressuscitent à la lumière du jour les troncs couchés dans l'ensevelissement des âges disparus ; ces mines s'étaient établies un million d'années avant l'époque où commence notre histoire. Depuis cette époque, l'enfantement de la vie terrestre s'était continué, et c'est à peine si l'on eût pu dire encore que sa naissance était achevée.

En approchant du globe, la Comète n'avait pu voir que des coquillages. Malgré la meilleure volonté du monde, il lui eût été impossible de voir autre chose. La mer régnait encore sur la superficie entière du globe, comme elle règne aujourd'hui sur les trois quarts ; il n'y avait pas de continents, mais seulement des îles et des marécages. Le roi de la création était alors une sorte d'escargot marin, un mollusque céphalopode peu bruyant et fort inoffensif.

Cet innocent animal, qui ne se doutait guère d'être un jour baptisé par Jupiter Ammon, régnait alors en souverain sur le royaume de Neptune :

Le trident de Neptune est le sceptre du monde,

a dit Lemierre. Aucun Anglais ne pourrait revendiquer ledit sceptre avec autant de droit que les petites bêtes dont nous parlons. On les voyait, comme les nautiles de nos jours, flotter à la surface des eaux sur leurs nacelles blanches ou multicolores, grands, petits, moyens, de toutes tailles ; des flottes entières voguaient à la poursuite des proies marines. On les voyait courir avec élégance et rapidité, s'entre-croiser, se dépasser, absolument comme si elles eussent joué aux courses des régates. *On* les voyait... cet *on* représente la Comète ; car il n'y avait pas d'autre spectateur qui pût jouir de cet antique spectacle : solitude et silence...

On n'entendait au loin, sur l'onde et sous les cieux,
Que le bruit des rameurs qui frappaient en cadence
Les flots harmonieux.

Et ces rameurs n'étaient autres que nos ammonites, voyageant en toute liberté sur l'océan et les
mers.

Notre Comète, assez surprise de ne voir que
des coquilles dans la mer et que des coquilles
sur la terre, et que des coquilles partout, s'épuisa
en conjectures sur la cause finale de la création
du globe terrestre. « C'est un grand mystère, se
disait-elle, que l'on ait fabriqué un monde pour
n'être habité que par de telles gens. » Elle cherchait quelle somme d'intelligence pouvait être
enfermée sous le crâne de ces êtres qui n'en ont
pas, quel était le degré de leur jugement, quelle
était la puissance de leur pensée ; et, malgré l'exi-
guïté et l'insignifiance du globe terrestre, elle ne
pouvait pourtant se résoudre à croire que ce petit
univers eût été créé tout exprès pour servir de
demeure à ces mollusques. Elle examina tous les
genres. Elle observa la sociabilité des moules et
l'habileté des tortues, qui, pour la première fois,
venaient de s'éveiller à la vie ; elle passa en revue
les mollusques acéphales, gastéropodes, bràchio-
podes, ptéropodes, céphalopodes, aussi bien que

les cirripètes, qui n'ont ni tête, ni pieds, ni bras;
mais dans toute cette compagnie, elle ne connut
personne qu'elle pût investir de la faculté sacrée
de l'intelligence.

Lassée de recherches stériles, la Comète s'en
retournait, et, comme le Juif-Errant de l'avenir,
pensait tout en marchant et marchait en pensant,
lorsqu'un cri guttural et formidable fit trembler
les échos du monde. « Ah ! se dit-elle, voici probablement le prince de la création; je remercie le
ciel de ne m'avoir pas laissée partir sans l'avoir
vu. » Elle retourna la tête : en effet, c'était bien lui.

Un monstre difforme, noirâtre, colossal, ro-
cailleux, montrant une énorme gueule de crocodile emmanchée à un cou d'hippopotame, avec
les membres antérieurs raccourcis et les jambes
de derrière aussi grandes que celles d'un cha-
meau, se traînait grotesquement au bord d'un
marais.

« Il n'est pas beau, continua-t-elle ; mais la
beauté n'est qu'une affaire de goût, une appréciation essentiellement relative et qui n'a rien
d'absolu. Ce doit être le prince de la terre (dans
le royaume des aveugles les borgnes étant rois),
et les ammonites sont les princesses de la mer. Il
paraît habiter généralement la campagne, et ne

pose pas pour les belles manières. Il est simple, modeste et laid ; en un mot, parfaitement approprié à la nature du monde qu'il habite... C'est égal, je ne me serais pas doutée qu'il existât de pareilles créations ; mais il n'y a pas moyen de s'en dédire, ce labyrinthodon est le seul animal qui ait la force de tenir le sceptre, donc c'est lui le roi. Voilà bien la première des Majestés ! La Force prime le Droit. » Elle continua son monologue par la discussion de la loi darwinienne d'élection naturelle (*natural selection*), de laquelle il résulte que : « La raison du plus fort est toujours la meilleure. »

Rejetée en quelque sorte hors de la vie habituelle par cette apparition du monstre terrestre, la Comète continua son voyage de retour en rêvant, et s'avança vers les confins du système planétaire sans s'apercevoir de la rapidité de sa marche ni des sphères qu'elle rencontra en chemin. Elle ne se réveilla au sentiment de l'existence qu'en approchant de l'astre de Saturne.

La splendeur et la richesse d'une civilisation achetée par des siècles de travail enveloppaient ce monde de rayonnements. C'était le séjour de la fécondité et de la paix. En approchant de lui, on sentait que la vie palpitait dans son sein. Il était depuis longtemps sorti des ténèbres du chaos et s'était avancé lentement vers la perfection réalisable. Comme l'ont enseigné quelques-uns de ces mortels heureux qui méritèrent de comprendre le génie de la nature (*majestati naturæ par ingenium*) et de pénétrer ses secrets augustes, les mondes planétaires offrent dans le chiffre de leurs distances au Soleil le cryptogramme de leur âge. Les plus éloignés sont les plus vénérables et les plus avancés dans la voie du progrès.

Neptune, situé à onze cents millions de lieues du soleil, est sorti de la nébuleuse solaire le premier, il y a des milliards de siècles. — Uranus, qui gravite à sept cents millions de lieues du centre commun des orbites planétaires, est âgé de plusieurs centaines de millions de siècles. — Saturne, dont la distance est de trois cent cinquante millions de lieues, a déjà sur sa tête vénérable plus d'une centaine de millions de siècles.— Jupiter, colosse planant à cent quatre-vingt-dix millions de lieues, est âgé de soixante-dix millions de siècles. — Mars compte dix fois cent millions d'années dans son existence : sa distance au Soleil est de cinquante-six millions de lieues. — La Terre, à trente-sept millions de lieues du Soleil, est sortie de son sein brûlant il y a une centaine de millions d'années. — Il n'y a peut-être que cinquante millions d'années que Vénus est sortie du Soleil : elle gravite à vingt-six millions de lieues ; et dix millions d'années seulement que Mercure (distance : quatorze millions) est né de la même origine, tandis que la Lune était enfantée par la Terre.

L'astre visiteur, ayant assisté à ces genèses, savait mieux que nul autre son histoire et sa chronologie sidérale ; mais, comme les personnes instruites, il trouvait toujours moyen d'augmenter ses connaissances et passait sa vie en observation. Saturne, donc, dont il allait côtoyer le système, était en pleine prospérité. Le travail heureux et brillant y répandait l'écrin de ses trésors. On voyait les mers intérieures couvertes de nefs rapides qui franchissaient les distances en souveraines du liquide empire ; les ports débordaient des richesses de toutes les nations. Les fleuves étaient couverts d'autres vaisseaux moins vastes, et les campagnes traversées de voies étroites sur lesquelles couraient des édifices somptueux. On voyait dans les airs limpides voler des flottes réunies, et les berceaux aériens s'élevaient du haut des tours pour aboutir à la crête des montagnes escarpées. L'esprit avait véritablement subjugué la matière, et l'empire de l'homme s'étendait du fond des abîmes au sommet des airs. La vie, comme une trame invisible, reliait en un seul cœur les parties les plus lointaines de cet univers. Lorsqu'on regardait ce globe du côté des pôles, on voyait un immense système d'anneaux l'envelopper à d'effrayantes distances, les vaisseaux aériens montaient jusqu'à eux. Autour du monde central saturnien, il y avait un autre monde extra-saturnien, séparé du premier par une distance de huit mille lieues, multiple, et large de vingt-quatre mille lieues, mais qui communiquait avec le monde central par une atmosphère. Au delà de ce second monde annulaire, on en voyait encore huit autres, semblables à de petits globes orangés ou verdoyants, qui circulaient alentour. Le génie de l'humanité saturnienne avait réduit ce petit univers tout entier sous sa domination, et sa puissance rayonnait autour du globe central pour se répandre sur tous les autres !

Comme il arrive lorsque, faisant la sieste à l'ombre d'un palmier d'où l'on domine la riche nature d'Afrique, on s'assoupit, puis on se réveille en sursaut et l'on sort d'un rêve ténébreux pour contempler la campagne luxuriante ; ainsi arriva-t-il à la Comète lorsque, étant restée absorbée dans un songe depuis son départ de la Terre informe, elle se réveilla près du magnifique Saturne. Elle ralentit sa marche et considéra avec une attention plus soutenue que jamais cette sphère merveilleuse, — retard que les astronomes de Neptune accusèrent sous le titre de « perturbation saturnienne » ; — et, lorsqu'elle contourna les parages de ce vaste empire, elle se crut véritablement éveillée d'un cauchemar.

Qu'était-ce, en effet, que la Terre à côté de cet astre splendide ? La Terre ! un misérable petit globule où la vie était à peine née, sous des formes inavouables ; une masse chaotique où les éléments restaient confondus ; un rien, enfin : car la Comète, en se retournant, n'aperçut plus la Terre, dans le lointain, que comme une toute petite tache noire sur le Soleil. Cet état de choses est plus que suffisant pour légitimer l'oubli dans lequel la Terre tomba dans la mémoire cométaire, et pour l'absoudre de l'indifférence qu'elle garda pour une création aussi médiocre que la création terrestre.

II

OU LA COMÈTE FAIT DES COMPARAISONS PEU AVANTAGEUSES
ENTRE LES AUTRES MONDES ET LE NOTRE

L'indifférence de la Comète à l'égard de la Terre la poursuivit pendant si longtemps, qu'elle revint vingt-trois fois à son périhélie sans songer pour cela à jeter un regard d'attention au petit globe terrestre : encore le terme de cet oubli n'est-il dû qu'à un événement tout à fait étranger qui vint, presque à son insu, la tirer de son apathie.

La vingt-quatrième fois qu'elle repassait par là, — c'était vers l'an cinq cent trente-quatre mille cinq cent soixante-quatre avant l'incarnation du Christ, — elle se trouva un instant très-rapprochée du globe terrestre, car les deux astres se croisèrent dans leur route réciproque, si bien que la Terre habita pendant cinq jours et cinq nuits dans la queue vaporeuse qui donnait à la Comète une longueur de soixante-dix millions de lieues, cette taille étant mesurée de la tête à l'ex—

trémité de sa robe flottante. Cette immense queue était un cône creux dont les bords mesuraient quelques centaines de mille lieues d'épaisseur ; cette figure conique représente la forme générale de la queue des comètes : le cône est plus ou moins évasé, et se rapproche quelquefois du cylindre. C'est une atmosphère d'une extrême ténuité formée par l'action du Soleil. La chaleur volatilise toutes les parties de la Comète qui en sont susceptibles, et qu'un long froid avait condensées quand l'astre était éloigné du foyer ; ces parties volatilisées s'étendent sur un espace immense, deviennent extrêmement légères, et s'éloignent du corps de la Comète, qui n'exerce plus sur elles qu'une faible attraction. Quelle que soit leur longueur, ces cônes ne pèsent pas beaucoup : on pourrait y tailler un morceau de la grosseur de Notre-Dame ou de l'Observatoire, et l'avaler homœopathiquement comme une bouffée d'air.

La Terre, disons-nous, habita pendant cinq jours dans ce cône. Peut-être s'étonnera-t-on que notre planète vive encore après une pareille rencontre, et peut-être s'étonnera-t-on davantage si nous ajoutons que cette proximité passa inaperçue pour les vivants de cette époque. A quoi doit-on donc s'en tenir sur le chapitre du choc des

Comètes, et quel avis les astronomes nous donnent-ils en définitive ?

L'un des premiers du cénacle [1] pensait que les Comètes étaient beaucoup plus lourdes que les assertions précédentes ne tendent à le faire croire. « Les mers abandonnant leur ancienne position pour se précipiter vers un nouvel équateur, dit-il, une grande partie des hommes et des animaux noyés dans ce déluge universel ou détruits par la violente secousse imprimée au globe terrestre, des espèces entières anéanties, tous les monuments de l'industrie humaine renversés: tels sont les désastres que le choc d'une Comète a dû produire. » « Si la queue de quelque Comète atteignait notre atmosphère, disait un autre [2], ou si quelque partie de la matière qui forme cette queue répandue dans les cieux y tombait par sa propre pesanteur, les exhalaisons y causeraient des changements fort sensibles pour les animaux et pour les plantes ; car il est fort vraisemblable que des vapeurs apportées de régions si éloignées et si étrangères, et excitées par une si grande chaleur, seraient funestes à tout ce qui se trouve sur la Terre et y causeraient les plus grandes calamités. »

1. Laplace.
2. Grégory.

« A la simple approche de ces deux corps, disait un troisième [1], il se ferait, sans doute, de grands changements dans leurs mouvements, soit que ces changements fussent causés par l'attraction qu'ils exerceraient l'un sur l'autre, soit qu'ils fussent causés par quelques fluides resserrés entre eux. Le moindre de ces changements n'irait à rien moins qu'à changer la situation de l'axe et des pôles de la Terre. Les queues sont, sans doute, des torrents immenses d'exhalaisons et de vapeurs que l'ardeur du Soleil fait sortir de leur corps. Une Comète accompagnée d'une queue peut passer si près de la Terre que nous nous trouverions noyés dans ce torrent qu'elle traîne avec elle, ou dans une atmosphère de même nature qui l'environne. Quelques-unes, en approchant du Soleil, en ont gagné un tel degré de chaleur qu'elles ne seraient pas refroidies en 50,000 ans. Quel serait l'effet de cette chaleur sur la Terre ? Elle la réduirait en cendres ou la vitrifierait ; la queue seule inonderait la Terre d'un fleuve brûlant et détruirait tous ses habitants. C'est ainsi qu'on voit périr un peuple de fourmis dans l'eau bouillante que le laboureur verse sur elles [2]. »

1. Maupertuis.

2. Peut-être vous semble-t-il que M. de Maupertuis entre

L'Anglais Whiston est le premier qui ait régulièrement destiné les Comètes aux événements funestes de notre monde. Après avoir assigné la

ici dans la sphère du roman pur. Alors, vous souvenez-vous de la plus singulière des descriptions imaginaires de ce genre, de la *Conversation d'Eiros avec Charmion*, l'un des récits les plus originaux du plus original conteur d'outre-mer? Notre entrevue de la Comète avec la Terre fut heureusement moins terrible que celle-là. Notre Comète fut assez gracieuse pour ne pas empoisonner ses hôtes; celle d'Edgard Poë, au contraire, aurait bien vite suspendu leur existence, comme elle le fit à l'étrange agonie du monde dont elle causa la fin, selon le fantastique narrateur:

...La Comète redoutée s'avança périodiquement, élargissant visiblement son disque rouge et augmentant son éclat... A son approche, l'Humanité pâlit. Toutes les opérations humaines furent suspendues.

...Les cœurs les plus braves parmi notre race battaient violemment dans les poitrines. Ce météore *nouveau* n'était plus un phénomène astronomique, mais un cauchemar sur les cœurs, une ombre sur les cerveaux. Il avait pris avec une inconcevable rapidité l'aspect d'un gigantesque manteau de flamme claire, toujours étendu à tous les horizons.

...Encore un jour, — et les hommes respirèrent avec une plus grande liberté. Il était évident que nous étions déjà sous l'influence de la Comète, dit le témoin oculaire, et nous vivions cependant. Nous jouissions même d'une élasticité de membres et d'une vivacité d'esprit insolites. En même temps, notre végétation était sensiblement altérée. Un luxe extraordinaire de feuillage, entièrement inconnu jusqu'alors, fit explosion sur tous les végétaux.

...Mais voici qu'une étrange altération s'empare de tous les hommes; la première sensation de *douleur* fut le terrible

Comète de 1680 comme une cause du déluge, il annoncé qu'un jour, en revenant du Soleil et en en rapportant des exhalaisons brûlantes et mor-

signal de la lamentation et de l'horreur générales. Cette première sensation de douleur consistait dans une constriction rigoureuse de la poitrine et des poumons, et dans une insupportable sécheresse de la peau. Il était impossible de nier que l'atmosphère ne fût radicalement affectée. Le résultat de l'examen lança un frisson électrique de terreur, de la plus intense terreur, à travers le cœur universel de l'homme.

... L'azote de l'air s'en allait... L'oxygène, principe de la chaleur et de la vie, recevait au contraire un accroissement anormal. La Comète était arrivée, et c'était là son action. La surexcitation des esprits vitaux, comme le luxe de la végétation, en avaient été les premiers symptômes. Que tout l'azote fût extrait, et s'accomplirait une combustion irrésistible, dévorante, toute-puissante, immédiate, de toutes choses...

Dernier jour de la vie !... Nous habitions dans la rapide modification de l'air. Le sang rouge bondissait tumultueusement dans ses étroits canaux. Un furieux délire s'empara de tous les hommes ; et, les bras roidis vers les cieux menaçants, ils tremblaient et jetaient de grands cris... Pendant un moment, ce fut seulement une lumière étrange, lugubre, qui visitait et pénétrait toutes choses... Puis ce fut un son éclatant, pénétrant, comme si c'était *Lui* qui l'eût crié par sa bouche ; et toute la masse d'éther environnante, au sein de laquelle nous vivions, éclata d'un seul coup en une espèce de flamme intense...

Ainsi parle Edgar Poë. Le simple récit d'une pareille catastrophe donne le frisson. Mais notre Comète n'est pas si terrible. C'est un honnête voyageur, qui voit du pays et nous fait faire en sa compagnie un véritable tour du monde, devant lequel le tour du monde terrestre n'est qu'une plaisanterie.

telles, elle causera aux habitants de la Terre tous les malheurs qui leur sont prédits à la fin du monde, et, enfin, l'incendie universel qui doit consumer cette malheureuse planète.

Mais d'autre part Newton assure qu'une Comète sans noyau, grande comme d'ici à Saturne, tiendrait dans un dé de vingt-cinq millimètres de diamètre si elle était condensée au degré de l'air atmosphérique que nous respirons. Les dernières évaluations relatives aux faibles masses des comètes doivent nous délivrer de toute crainte. La plus puissante comète, en se précipitant sur notre globe, n'y produirait pas plus d'effet qu'une mouche contre une locomotive, et ses gaz ne pourraient rien contre notre atmosphère.

Quant à notre monde antédiluvien, ses indigènes n'auraient même rien pu redouter d'un arrosement pareil à celui dont on menaçait, plus haut, la fourmilière terrestre, attendu qu'ils buvaient, nageaient, plongeaient, demeuraient et vivaient en pleine eau chaude. Infusoires microscopiques, poissons et amphibies, ne s'aperçurent pas de la traversée de la Comète.

Mieux que cela, — et voici justement le petit événement qui tira notre illustre voyageuse de son apathie séculaire, — ce passage du globe terrestre non loin de sa tête produisit sur son esprit une influence fort avantageuse, au point de vue terrestre du moins. Elle daigna remarquer le globe qui traversait sa chevelure. On pourrait croire que la Terre, ennuyée de sa longue solitude, épiait le moment du passage, car jamais spectacle plus étrange ne s'offrit aux yeux d'une comète. Deux rochers escarpés défendaient l'entrée d'une presqu'île : — sur ces rochers perdus dans les nues, deux êtres bizarres, insolites, merveilleux, extraordinaires, se regardaient fixement et sans sourciller.

C'étaient le Ptérodactyle et le Ramphorynchus, deux chauves-souris grosses comme des moutons, deux sphynx vivants dont les ailes repliées ressemblaient à des arbres aux longues feuilles pendantes. Frappée de ce spectacle, la Comète recueillit alors ses souvenirs, et se rappela que, soixante-treize mille cinq cent soixante ans auparavant, elle avait déjà eu l'occasion de remarquer ce petit globe et sa singulière habitation...

Et elle se mit alors sérieusement à examiner la Terre. Elle reconnut dès le premier coup d'œil que la configuration géographique de la surface avait déjà singulièrement changé, que de petits continents découpaient l'océan universel, et que la végétation encore exubérante partageait maintenant l'empire du monde avec un règne animal assez important. Elle remarqua ensuite la figure typique revêtue par ce règne animal, et ne fut pas médiocrement étonnée. Dans le temps, à sa dernière visite, elle n'avait guère vu que des coquilles ; à présent, c'étaient des crocodiles... mais des crocodiles de toute taille, de toute nuance, de toute variété. Sur la terre ferme, dans la mer, au sein des airs, partout, des crocodiles, des lézards, des sauriens, ici avec des nageoires, là avec des ailes, mais, en fin de compte, un grand peuple de crocodiles.

Elle plongea son regard perçant dans les anses et les promontoires, et passa en revue l'armée des sauriens gigantesques. Elle vit défiler sous elle les Ichthyosaures, le *communis*, l'*intermedius*, le *platyodon*, le *tenuirostris*, etc. Quelques-uns mesuraient trente pieds de long. Ces troupeaux de lézards marins nageaient en pleine mer comme nos baleines ; ils portaient à fleur de tête des yeux d'un pied de large, munis d'un appareil optique qui les faisait servir à volonté de microscope ou de télescope ; étaient armés d'excellentes mâchoires, dont l'ouverture mesurait plus d'un mètre, et montrait deux belles rangées de cent quatre-vingts dents ; leur colonne vertébrale, formée de cent vertèbres, leur permettait les mouvements les plus flexibles et les plus perfides. Elle vit se précipiter des rivages au fond des mers des bandes de Plésiosaures, autres lézards de même taille que les précédents, qui tenaient à la fois du serpent par le cou démesurément long, du caméléon par les côtes, d'un quadrupède par le tronc, de la baleine par les nageoires. Elle vit les rassemblements dangereux des redoutables Pœkilopleurons, aux griffes énormes, aux dents acérées, et ceux des Hyléosaures, des Cétiosaures, des Sténosaures et des Streptospondyles, — et les Téléosaures, ces flibustiers des mers antédiluviennes. Elle vit s'élever dans les airs les groupes des Ptérodactyles, immenses chauves-souris dont la gueule effrayante montrait soixante dents menaçantes, et qui passaient leur vie à sauter d'un arbre à l'autre, d'une roche à la roche voisine. Les hauts végétaux ne lui semblèrent pas moins étonnants par leur aspect sévère : c'étaient de grandes tiges, de grandes prêles, de grands roseaux, des fougères gigantesques, des conifères assez semblables à nos sapins, et de sveltes pandanées aux racines aériennes.

A l'aspect de ce panorama plus lugubre qu'agréable, la Comète réfléchit. Trois cent soixante-cinq fois la Terre roula sous ses yeux ; trois cent soixante-cinq fois elle embrassa le tour entier du globe. Soudain retentit un craquement formidable. L'écorce du globe se fendit au sein de la mer, et tandis que les flammes s'élevaient furieuses des entrailles en travail, la mer se déversait dans le gouffre subitement ouvert avec un bruit épouvantable. Les monstres, entraînés par les flots de l'effrayante cataracte, hurlaient avant de s'engloutir, et les reptiles ailés s'enfuyaient à tire-d'aile en poussant des cris sinistres. Les rivages se dépeuplaient, et d'une montagne à l'autre on voyait l'étincelle électrique rapprocher les distances en traversant l'atmosphère. Bientôt les grondements sourds d'un tonnerre inconnu se mêlèrent aux fracas de la tempête, et la surface entière parut déchirée par la même révolution.

Hélas ! la Comète n'était guère revenue de son premier mépris pour la Terre, et ne songeait pas encore à la prendre au sérieux. L'habitude où elle était depuis des milliers de siècles de voir passer sous ses yeux des mondes déjà fort avancés dans l'ère de la civilisation, comme l'étaient Neptune et Uranus ; — d'autres parvenus au sommet du progrès et planant dans leur supériorité acquise, comme Saturne ; — d'autres en pleine voie de

perfectionnement et de luxe, comme Jupiter ; —
d'autres au printemps de la vie humaine, comme
Mars : l'habitude de ce spectacle la plaçait en
disposition défavorable pour une appréciation
honorable du globe terrestre. Aussi retomba-
t-elle bientôt dans son indifférence première.

Tandis qu'elle rêvait, la révolution géologique
continuait son œuvre. La formation jurassique
secouait les fondements du globe, et la Terre
entière tremblait comme si elle eût été saisie d'un
vertige. Les mers s'engloutissaient dans les brûlantes profondeurs ou se déversaient sur des
régions affaissées ; d'autres jaillissaient de sources
inconnues subitement ouvertes au milieu des
terres. Des plaines se sentaient boursoufler, comme
on voit des bulles d'air soulever la pellicule d'un
métal en fusion : elles faisaient place à un établissement de montagnes. Ailleurs, les monts et les
collines s'effondraient, étendant une plaine nue là
où mille accidents diversifiaient auparavant la
surface. Avant d'être trop éloigné de la Terre
pour la perdre de vue, l'astre aux longs cheveux
put reconnaître que le cataclysme dont le prélude
avait un instant suspendu sa pensée se continuait
avec effervescence, et qu'il commençait pour le
globe une œuvre de reconstruction.

La Comète marchant avec une vitesse de 70,000 lieues à l'heure environ , ou d'un million et demi de lieues par jour à son point de départ, et ralentissant cette vitesse à mesure qu'elle s'éloignait, trois mois après avoir quitté la circonscription terrestre, elle arriva dans une région de l'espace où l'attendait le plus étrange des spectacles. Il y avait à cette époque, entre l'orbite de Mars et celle de Jupiter, un certain nombre de planètes issues d'un anneau primitif échappé de l'équateur solaire entre l'époque de la naissance de Jupiter et l'époque de la naissance de Mars. Au lieu de ne former qu'un seul globe, comme il était arrivé pour les autres planètes, cet anneau hétérogène en avait formé un grand nombre, tout aussi hétérogènes et tout aussi fragiles que lui. Ces globes roulaient autour du Soleil comme tous les autres, possédant leurs années, leurs saisons et leurs jours. Or, comme la Comète approchait de l'orbite du plus volumineux d'entre eux, toute préoccupée encore des révolutions dont la Terre lui avait offert un spécimen, et philosophant sur les destinées de l'univers, ce globe immense qui venait sur elle avec une vitesse de 16,000 lieues à l'heure, et qui se précipitait en ligne droite de manière à la croiser juste au point de l'orbite qu'elle allait franchir, et à produire de la sorte un choc infaillible ; — ce globe immense, dis-je, éclata comme une bombe quelques instants avant la rencontre. Des vapeurs s'exhalèrent et se réunirent à la queue de la Comète, et l'on vit une dizaine de fragments se séparer et continuer toutefois leur route dans l'espace. C'était la fin d'un monde, fin prématurée, sans doute, résultant d'un cataclysme intérieur longtemps concentré. Cet événement s'accomplit à la distance de cent six millions deux cent quatre-vingt mille lieues du Soleil. Peut-être est-ce de là que sont issues les petites planètes télescopiques Bellone, Galathée, Terpsichore et Léto, dont la distance au Soleil est pour toutes les quatre de 2.78, celle de la Terre étant prise pour unité. Il paraît que ces petits astres viennent, en effet, revoir tous les ans l'endroit funeste où s'opéra la catastrophe terrible qui les a séparés.

C'était là le chemin de Damas où l'esprit de la Comète devait être à jamais frappé ; c'était de là que devaient dater les bons sentiments dont désormais elle resterait animée. Peut-être que sans cet événement elle aurait flotté longtemps encore dans l'indifférence ; mais, comme on l'a maintes fois observé, il suffit d'une cause inattendue pour transformer soudain les plus fermes caractères. Par un sentiment de bienveillance que les très-grands portent généralement aux très-petits, la Comète, à la vue de cette fin tragique, sentit son souvenir se réveiller douloureusement ; elle craignit un instant pour les jours de la Terre. « Pauvre Terre ! si la révolution terrible qui s'était annoncée naguère allait lui devenir funeste et la faire mourir avant qu'elle soit née ! Que va-t-elle devenir au milieu des troubles sous lesquels elle se débattait naguère ? Aura-t-elle la force de les dominer et de leur survivre, ou bien n'est-elle destinée qu'à servir de demeure inhospitalière à des êtres sauvages et cruels ? »

A partir de ce jour, elle devint plus attentive, et le sort de la Terre la toucha d'autant plus vivement qu'il était plus humble. Souvent elle se surprit à songer à cette modeste créature ; souvent elle passa soucieuse près des sphères les plus magnifiques sans y jeter un coup d'œil. Sans doute même elle trouva parfois son voyage bien long : rester trois mille soixante-trois ans et demi en l'absence de la Terre, et seulement dix-huit mois au plus en sa présence, lui semblait hors de proportion. Enfin, le petit monde prit rang dans ses pensées et parut devoir s'y fixer de plus en plus.

Elle attendait avec impatience la saison d'été. Le solstice d'été est pour les Comètes l'époque de leur passage au périhélie et de leur approche de la Terre. Dès qu'elle sentait les feux du Soleil devenir plus ardents, et dès qu'elle voyait cet astre grandir, elle se savait à la fin du printemps. A peine la Terre devenait-elle visible, soit sous la forme d'une petite tache ronde sur le Soleil, soit sous l'aspect d'une demi-lune ou d'un croissant à gauche ou à droite de l'astre radieux, elle sentait avec bonheur sa rapidité augmenter et le but approcher. Elle arrivait ainsi à toute vitesse près du globe terrestre qu'elle devait chérir de plus en plus, et dès le premier jour commençait la révision de son petit monde.

Elle assista au réveil des races animales de toute l'époque secondaire, depuis la période du lias et la période oolithique jusqu'à la dernière des sous-périodes crétacées. De trois mille ans en trois mille ans, elle suivait a succession lente et régulière des espèces, tant animales que végétales. S'étant peu à peu habituée aux révolutions inhérentes à l'établissement de toutes choses; ayant assisté aux cataclysmes qui de fond en comble transfiguraient certaines parties de la surface terrestre, aux convulsions intérieures d'où les bouches volcaniques s'engendraient pour vomir leurs feux horribles, aux soulèvements des chaînes de montagnes qui préparaient à la surface les reliefs auxquels la configuration géographique serait due dans l'avenir, elle en était venue à moins redouter les effets de ces grands mouvements, à penser qu'une loi inconnue les dirigeait, et à s'assurer qu'ils ne pouvaient servir qu'à l'avantage du globe éprouvé. C'est ainsi qu'en chacune de ses années, trois mille fois plus longues que les nôtres, elle suivait le progrès du petit enfant terrestre dans son berceau.

La vérité, cependant, nous oblige à ajouter qu'elle ne persévéra pas sans défaillances dans sa sollicitude. La cause de ces faiblesses est due à un principe sur lequel il est bon de méditer quelquefois : c'est que la fréquentation des grandeurs peut affaiblir nos sentiments de fraternité en faveur des humbles. Passant la meilleure ou, pour mieux dire, la plus longue partie de sa vie avec les patriciens de l'empire solaire, la Comète en subit à son insu une sorte de contagion, et redevint quelque peu fière au frottement. Son attention se soutint dans la même égalité pendant quarante mille ans environ ; mais ensuite elle semblait un peu fatiguée, et, sans s'en douter, elle attendait certainement avec moins d'impatience la belle saison. Elle commençait à s'accoutumer au spectacle terrestre et partageait sa pensée entre la Terre et les autres planètes. Quand elle approchait de celles-ci, elle les regardait ; et de nouveau, comme autrefois, des comparaisons peu avantageuses se présentaient entre ces autres globes et le nôtre. Pendant vingt mille ans elle en fut là, et l'on aurait pu craindre que les sphères supérieures ne reconquissent la suprématie qu'elles avaient primitivement dans son esprit. Cependant la Terre progressait plus rapidement que celles-ci, puisqu'elle était plus jeune, et, la scène changeant plus facilement à l'époque de la formation tertiaire, la Comète reprit en sa faveur toute l'attention qui s'était un instant étendue aux autres mondes.

III

AURORE

Quelque petit qu'il soit, et quelque modeste que soit son rang dans la création, le globe terrestre méritait l'attention dont l'honorait la célèbre voyageuse. Ce n'est pas précisément la taille ni le poids qui constituent la valeur d'une créature, car la créature, fille d'une puissance infinie, porte empreint sur son front le cachet de son Auteur. Un petit objet, pris dans la nature, est aussi admirable qu'un grand. C'est précisément là le caractère inhérent à la puissance infinie : qu'elle soit, comme le Soleil, reflétée dans une goutte d'eau aussi pleinement que dans un océan. L'intelligente cosmopolite ne fut pas sans faire ces remarques fournies par l'observation de la nature, et, dans ses rêveries solitaires, elle dut élever le monde terrestre au rang qui lui est assigné par droit de naissance, — ses lettres de noblesse étant couronnées d'un divin diadème.

La Terre, du reste, dévoilait elle-même peu à

peu la grandeur de son origine. Elle sortait insensiblement des langes primitifs et dépouillait l'informe pour s'élever à la beauté. L'élégance naissait. Jadis les plantes et les animaux étaient d'une rudesse et d'une grossièreté froides et sans attrait ; les arbres, sévères, étaient sans fleurs et sans fruits ; les animaux, dépourvus de toute fourrure, de toute toison, de tout plumage et de toute parure. Mais à l'époque où nous sommes arrivés, on remarquait déjà des fleurs et des fruits pour le premier règne, des vêtements luxueux pour le second. La famille des protéacées montrait, dans les banksia, de magnifiques rameaux fructifères.

Les mimosées offraient déjà les acacias, les jugas qu'on trouve encore aujourd'hui confinés dans l'étrange Australie. Les bouleaux, les charmes, les noyers, les aunes, s'élevaient à côté des palmiers, des pins, des ifs et des cyprès, sans être séparés comme aujourd'hui par les lois de la distribution géographique. Dans les marais, les rivières et les étangs, on voyait encore les prêles, les châtaignes d'eau ; et les gigantesques fleurs des nymphéacées épanouissaient déjà de beaux nénuphars à la surface des eaux tranquilles.

Pour quels regards ces beautés apparais-

saient-elles sur la Terre en son aurore? Pour
quelles oreilles les harmonies de la nature sou-
piraient-elles dans le bruit des mers ou dans le
murmure du feuillage? Pour qui les forêts profondes creusaient-elles des retraites silencieuses,
ouvraient-elles des perspectives ravissantes, éten-
daient-elles des tapis moirés par la lumière irrégulière? Sur quels fronts les silences des nuits
étoilées tombaient-ils avec le calme regard de la
Lune argentée? Pour qui ces antiques splendeurs?
Pour qui ces rayonnements du ciel, cette verdure
des prairies, ces brises parfumées, ce frémissement des charmilles naturelles au tremblant
feuillage, ces magnifiques spectacles de la terre
et de l'onde? Pour qui ce soleil des jours et ces
étoiles des nuits; ce ciel bleu, ces nuées multicolores, ces lueurs dorées des crépuscules, ces apparitions de l'arc-en-ciel et des météores?... Pour
qui le travail de cette immense nature? — Nulle
intelligence ne s'était encore éveillée sur la Terre.

Dans les pays où le monde civilisé rayonne
aujourd'hui, dans la contrée où notre brillante
capitale s'élève, les eaux profondes de l'Océan
régnaient encore. Les lieux où la France devait
être ne laissaient deviner aucun indice de la
forme qu'elle présente de nos jours. C'était un

composé de grands lacs et de presqu'îles. La mer descendait plus bas que Paris, jusqu'à Bourges; de Valenciennes à Saint-Lô, on pouvait seulement suivre à fleur d'eau la chaîne irrégulière de la formation crétacée. Le plateau de Langres était formé depuis la période jurassique et dominait cette dernière mer; les sommets élevés que Langres devait couronner de ses noirs créneaux, ceux où César devait allumer les feux auxquels Montigny-le-Roi ravit l'étincelle de son nom, les cavernes suspendues où Sabinus devait fuir un jour la colère de l'aigle romaine, ces sommets vénérables veillaient déjà sur les ondes antédiluviennes. L'antique Auvergne, comme la Bretagne à sa gauche et les Alpes à sa droite, s'était élevée depuis les siècles lointains de l'époque primitive; mais Lyon, Tours, Paris, Dunkerque, gisaient encore au fond des eaux. C'est pendant l'époque tertiaire que ces terrains apparurent à la surface pour une durée sinon définitive, du moins fort respectable.

Les prédécesseurs des espèces animales qui vivent encore de nos jours s'échelonnaient suivant la date de leur apparition. Après la vie des eaux étaient venus les amphibies; après les amphibies vinrent les êtres nés pour la terre ferme;

tant il est vrai qu'il n'y a rien de fortuit dans la création, et que la succession des espèces fut réglée par l'autorité des lois éternelles. Les premiers des quadrupèdes mammifères furent des pachydermes : Palæothérium, Anoplothérium, Xiphodon, intermédiaires par leur organisation entre le rhinocéros, le cheval et le tapir. Le premier, grand comme un cheval, avait une tête de tapir ornée d'une trompe charnue, des yeux petits et morts, des jambes massives. Le second avait, au contraire, de grandes jambes et de plus une queue d'un mètre de long, qui lui servait de gouvernail pour traverser les lacs ou les rivières. Le troisième était un chamois gracieux, craintif et rapide. Il y avait encore le Lophiodon, dont la taille variait, suivant les espèces, depuis celle du lapin jusqu'à celle du rhinocéros; le Chiropotame, qui habitait les fleuves. Dans les mers, où le Mosasaure, dont la mâchoire d'un mètre de long montrait un dernier cachet de la période crétacée, faisait encore apparaître par intervalles une grosse tête hors de l'eau, des cétacés plus paisibles, les Dauphins, étaient rois. Relativement à nous, la population de la Terre gardait le caractère d'étrangeté qui nous étonna précédemment dans les époques antérieures.

Quand la Comète arriva près de la Terre, à l'aurore de la dernière époque, à la période éocène (ἕως, aurore; καινός, récent), elle put contempler des paysages où la vie se développait dans la plénitude de ses progrès. La loi des destinées se révéla dans ce spectacle; elle conjectura qu'une volonté inconnue présidait à la formation de ce petit monde, et préparait un séjour pour quelque être nouveau, digne de recevoir le sceptre d'un monde.

L'atmosphère épurée permettait au Soleil de verser à pleines mains l'urne de ses rayons générateurs; les eaux calmes et tranquilles reflétaient un ciel pur; mille plantes balançaient dans les airs leur panache verdoyant, et des fleurs primitives se miraient au bord des ondes. Des troupeaux bondissaient dans les campagnes, et les joyeux habitants de l'air prenaient leur essor vers les régions élevées. La vie rayonnait sur l'aurore. Les saisons commençaient à se dégager. Elle reconnut que le régime de la Terre approchait déjà sensiblement de celui des mondes supérieurs. Accoutumée, comme toutes les Comètes, à passer par les extrêmes de la chaleur et du froid, à venir près du Soleil à chacun de ses étés brûlants, à s'en éloigner à des distances prodigieuses en ses hivers mille fois plus froids que ceux de la Terre, elle était toujours heureuse, par bonté naturelle, de voir certains mondes affranchis de ces rigueurs [1]. La Terre était dans la condition fortunée des planètes. Cette considération la rattacha plus étroitement encore aux autres mondes; il en résulta dans l'esprit de la Comète un certain sentiment de plaisir en sa faveur. Le rang de la Terre commençait à se dessiner.

1. Elle devait pourtant s'étonner d'une semblable uniformité. L'ellipse de certaines Comètes est si longue qu'à l'époque de leur aphélie elles doivent subir une intensité de froid dont nous ne pouvons nous former aucune idée, tandis qu'à leur périhélie elles peuvent passer si près du Soleil qu'elles en subissent une chaleur également inconcevable. Newton estime que la Comète de 1680 reçut en passant près du Soleil vingt-huit mille fois plus de chaleur que nous n'en recevons au solstice d'été, et que sa température dut s'élever deux mille fois plus haut que celle du fer rouge. Newton ajoutait que la destinée des Comètes était de tomber dans le Soleil pour entretenir son ignition. L'auteur des *Lettres du tombeau* voulait-il faire allusion à cette fin déplorable lorsqu'il écrivait la singularité que voici : « Une puissante Comète, déjà plus grosse que Jupiter, s'était encore augmentée dans sa route en s'amalgamant six autres Comètes languissantes. Ainsi dérangée de sa route ordinaire par ces petits chocs, elle n'enfila pas juste son orbite elliptique, de sorte que cette infortunée vint se précipiter dans le centre dévorant du Soleil... On prétend que la pauvre Comète, brûlée vive, poussait des cris épouvantables. »

Ces progrès, lents mais sensibles, procuraient à l'astre voyageur des jouissances maternelles qui, jusque-là, lui étaient restées inconnues. Lorsque pour la première fois, dans un voyage où, par suite d'une certaine disposition de toutes les planètes importantes derrière le Soleil, elle s'était rapprochée plus près que jamais de cet astre, elle remarqua l'existence de deux autres planètes entre la Terre et le Soleil, Vénus et Mercure ; elle ne voulut point permettre à son attention de se distraire du côté de ces mondes, et se refusant l'intérêt et le plaisir d'assister aux premières phases de leur développement, elle voulut les oublier comme s'ils étaient restés dans le chaos, et n'appliquer sa pensée qu'à l'observation de notre Terre. Une autre fois, en passant près de Mars, elle remarqua sur ce globe une création sensiblement analogue à celle de la Terre, et qui pouvait offrir les mêmes droits à la curiosité d'un curiste. Comme elle l'avait fait pour Vénus et Mercure, elle laissa Mars voler solitairement sur son orbite idéale, et ne s'occupa que du globe terrestre aux époques de ses passages dans les régions où il se meut. On voit, par cette simple remarque, que decidément elle était reve-nue de son indifférence passée relativement à nous, et que désormais elle était fort attentive à tout ce qui concernait notre globe.

C'est à l'époque de son centième voyage à dater du premier que nous avons rapporté au commencement de ce récit, c'est-à-dire vers l'an trois cent quatre mille six cent quatre-vingt neuf, que la brillante Comète avait assisté au prélude de la grande époque géologique qui précéda celle où nous sommes aujourd'hui. Cinquante mille ans plus tard, elle voyait disparaître cette phase éocène. Deux mille siècles avant notre ère, elle arrivait au milieu de la phase à laquelle on a donné le nom de miocène.

Aurore, matin de la vie, origine lumineuse! Plus tard, les formes de l'existence auront sans doute revêtu une élégance plus exquise, une beauté plus parfaite; mais, à cette époque, on sent la séve du printemps universel monter de toutes les racines et s'élever à toutes les cimes. Plus tard, le progrès incessant continuera son œuvre; mais alors toutes les forces de la nature sont en pleine virilité, et préparent à l'espérance un spectacle que nulle autre époque ne lui promettra pour l'avenir.

Sur le cadran gigantesque des cieux, si nos siècles sont des secondes, et si le *jour* de la Terre, dans l'ordre astronomique, doit compter des milliers de périodes séculaires, s'étonnera-t-on que l'aurore d'un pareil jour se compte par la même mesure, et qu'elle se soit étendue sur une longue série de siècles? Les périodes éphémères par lesquelles nous mesurons les phases de notre vie actuelle sont des mesures insignifiantes dans la vie de la nature; un siècle ne s'aperçoit pas sur le front de cet être toujours jeune; dix siècles, cent siècles, n'y tracent pas une ride.

Pour mesurer les premières années d'un globe mille et mille fois séculaire, la Comète se trouvait en de bien meilleures conditions que celles où nous nous trouvons sur la Terre, et telle est l'heureuse position des comètes en général. Son année à elle étant, en effet, de plus de trois mille ans, il y avait toujours au moins cet intervalle entre ses visites, ce qui lui donnait par nature une échelle chronologique respectable et supérieurement capable de servir à la mesure des évolutions terrestres.

Malgré ce long intervalle, si grand à nos yeux, mais si petit dans la durée indéterminée des créations célestes, il lui arrivait parfois de ne pas remarquer le plus léger changement dans l'aspect terrestre entre deux de ses passages successifs, tant ces changements s'opéraient avec lenteur ; il lui arrivait souvent d'observer les mêmes scènes, les mêmes paysages, les mêmes végétaux et les mêmes espèces animales, comme si les êtres qu'elle avait vus trois mille ans auparavant étaient restés en pleine vie et dans le même âge. Si cela lui arrivait malgré la longue durée de son année, qu'eût-ce été si sa période de révolution eût été moindre ? Il lui eût été manifestement impossible d'étudier convenablement cette création lentement progressive.

A ces avantages particuliers à la nature cométaire, elle en ajoutait d'autres non moins importants : c'était la comparaison permanente qu'il lui était donné de faire entre les autres mondes et le nôtre. S'étant formée dans les régions héliaques du système, à une époque où les planètes les plus éloignées florissaient déjà au sein d'une carrière luxuriante, elle n'avait pu assister à la naissance de nulle d'entre elles, toutes étant ses aînées. Elle les avait toujours vues dans la plénitude de leur vie.

Neptune, l'astre le plus éloigné et le plus ancien de tous, avait déjà passé son midi. Dans les régions lointaines qu'il occupe, la Terre aurait été rapidement glacée et stérilisée ; mais, en vertu de la diversité d'action des forces de la nature (les mondes naissant toujours en harmonie parfaite avec le lieu de leur destination), Neptune vivait dans ses déserts de sa vie spéciale, avec des années égales à plus d'un siècle terrestre et demi.

Uranus, monde moins âgé, était au midi de sa journée : c'était une autre vie, sous d'autres formes et sous d'autres aspects ; vie incompatible avec la précédente, comme essentiellement distincte des suivantes. Dans ses témérités les plus aventureuses, l'imagination humaine reste stérile, incapable de s'élever à la possibilité des existences différentes de la nôtre, incapable surtout de se représenter les formes inconnues. Autour du monde uranien gravitaient quatre lunes rétrogrades qui, semblables à leur souverain, comptaient déjà dans le passé de leur chronologie les phases disparues de leur première jeunesse. Chaque année uranienne est égale à quatre-vingt-quatre années terrestres.

Saturne, nous l'avons vu, était au sein de sa splendeur, et s'élevait encore de perfections en perfections. Dire que les Saturniens marchaient à grands pas vers l'apogée auquel les Uraniens étaient déjà parvenus, serait toutefois parler imprudemment, car la perfection d'un monde n'est pas la perfection d'un autre, et, à aucune époque de leur longue histoire, on n'aurait pu distribuer les mondes en une série unique, et donner à chacun un numéro d'ordre sur une même échelle. Chaque monde a sa destinée spéciale, comme des moyens spéciaux pour y parvenir. Les Saturniens ont des années trente fois plus longues que les nôtres, et huit satellites, donnant à leur calendrier huit mois lunaires.

Jupiter était alors en pleine jeunesse, étincelant de force et de vie. Évidemment, il avait passé depuis longtemps par la phase correspondante à celle que la Terre traversait actuellement, et c'est avec une lenteur plus considérable encore que palpitaient les battements de sa force vitale. Son année était douze fois plus longue que la nôtre; il gardait son primitif printemps perpétuel, tandis que les saisons commençaient à devenir sensibles à la surface du globe ; quatre lunes rapides circulaient autour de lui, exubérantes comme lui d'une vie exceptionnelle.

La Comète avait fait toutes ces remarques avant le jour où la Terre lui était apparue pour la première fois, et c'était là, sans doute, une des causes de son dédain. L'observation la plus frappante, celle qui avait porté le coup le plus funeste à la renommée de la Terre dans son opinion, c'était la petitesse du globe terrestre à côté du globe de Jupiter ; la Terre ne lui faisait l'effet que d'une simple lune égarée, et elle n'avait pas voulu déroger au point de s'en préoccuper. Il y a, en effet, une différence sensible entre les dimensions de Jupiter et celles de la Terre.

Le diamètre de Jupiter est onze fois plus grand que le diamètre de la Terre, ce qui lui donne une surface cent vingt-six fois plus étendue et un volume mille quatre cent quatorze fois plus fort. Mars était, à la même époque, dans une condition analogue à celle de la Terre ; quoique son aîné, il n'avait pas grandi bien vite, et sa croissance avait été arrêtée dans son premier développement ; et puis, comme l'astre chevelu avait fait de la Terre l'objet de ses premières remarques, en vertu d'un état général que l'on pourrait nommer inertie morale, il restait attaché à l'observation de ce globe, et il lui eût été difficile de s'en détourner pour un autre qui n'offrait pas d'autres titres à son intérêt. La Terre resta l'humble objet de ses pensées.

La Lune était alors habitée par le petit peuple des Sélénites. Mais on conçoit que ce monde était vraiment trop minuscule pour fixer longtemps l'attention de la magnifique voyageuse.

Malgré ces excellentes dispositions en notre faveur, un événement, auquel il faut toujours s'attendre d'un jour à l'autre dans la vie des êtres, faillit mettre un terme aux observations si persévérantes et si instructives de la Comète. Il y a, chez les habitants de l'espace, certains actes qui peuvent correspondre à ceux de notre vie. Nous parlerons un instant de celui-ci, parce qu'il était d'une certaine importance : il s'agit du *mariage* de notre Comète.

Depuis vingt-sept mille ans un magnifique aérolithe du plus beau port, de la plus belle eau, voyait passer de loin, dans les déserts de l'espace, la Comète errante ; — la solitude rapproche les pensées, et peut-être eût-on pu croire que, solitaire comme elle, il se sentait attiré vers l'astre aux longs cheveux d'or. Pendant vingt-sept mille ans, ce bolide, l'un des géants de son espèce, rapprocha son orbite de l'orbite cométaire, en vertu de la gravitation universelle (ces gigantesques pierres métalliques célestes circulent autour du Soleil, comme les comètes). Ce n'est qu'au bout d'un aussi long stage que, s'approchant d'elle, le météore parcourut cinq mille lieues en moins d'une minute, traversa les zones de plus en plus denses qui avoisinent le centre de gravité et forma dès lors le *noyau* de la Comète. Fut-ce l'origine de beaucoup d'autres comètes? C'est ce que l'histoire ne dit pas; et d'ailleurs, les philosophes qui ont procédé ici par une analogie peu légitime sont tombés dans une exagération ridicule. Mais, quel que soit le mode de naissance des comètes, il est trop certain qu'il y en a déjà plus dans le ciel que de poissons dans l'Océan, Képler est là pour le dire : que serait-ce si leur nombre augmentait sans règle ni limites? Il faut une certaine fermeté d'esprit pour envisager de sang-froid la foule de ces astres qui se croisent en leur vol rapide, et l'on a lieu de se demander comment il se fait que leurs orbites multipliées, coupant l'orbite terrestre dans tous les sens, il n'y ait pas de chocs plus fréquents entre les planètes et les comètes.

De cet événement nous ne reparlerons plus. La Comète reste pour nous ce qu'elle était, le seul personnage en action. Le bolide est absorbé en elle, et n'existe plus individuellement.

Un auteur vulgaire dirait que ce fut vers ce temps que le premier canard vint barboter dans les eaux boueuses à l'endroit où la France devait être. La Comète, plus distinguée et d'une éducation toute classique, salua l'apparition de la famille des palmipèdes près d'un fleuve sur lequel Lutèce (*lutum*, boue) devait un jour amarrer son vaisseau. Les grenouilles coassaient, les salamandres glissaient, les couleuvres ondulaient pour la première fois. Les cigognes, les flamants se posaient aristocratiquement sur une patte. Les corbeaux rayaient l'air de leur vol au froissement lugubre, les merles sifflaient, les moineaux semblaient attendre déjà les miettes du promeneur, et des oiseaux plus gais habitaient la lisière des forêts profondes et posaient les premiers nids à toutes les branches. Les marmottes, les écureuils, les ratons, les genettes, les castors, les chevaux, les chiens, les chats, les coatis, inauguraient la série du règne inoffensif qui devait subsister après l'époque de la création de l'homme, et les premiers singes grimpaient dans les branches souples des lianes : c'étaient le pithèque, le dryopithèque et le mésopithèque, dont les grimaces horripilantes annonçaient de loin les avocats à toutes causes de l'humanité future.

IV

Les Comètes, en vertu de leur longue et patiente observation, sont dans la très-admirable habitude de ne se fier jamais qu'au jugement de leurs yeux, éclairé et discuté par leur raison impartiale. Elles n'ont pas de préjugés; et jamais on ne les accusera de ne pas dire ce qu'elles pensent, ou de dire ce qu'elles ne pensent pas, pour être agréables à quelque protecteur, Voyageuses indépendantes, elles passent leur vie dans l'observation comparative, et ce sont peut-être les plus savantes des filles du ciel. Ainsi, pour donner un exemple de la sagesse avec laquelle elles procèdent, nous ferons remarquer que, malgré la bienveillante affection qu'elle portait à la Terre, malgré l'état d'esprit dans lequel elle se trouvait et le plaisir qu'elle aurait eu à saluer le premier *être intelligent* qu'elle eût aperçu à la surface de ce monde si richement préparé, notre Comète, cherchant cet être à la fin de la période tertiaire (il y a quarante de ses années, c'est-à-dire vers l'an cent quatre mille quatre cent quatre-vingt-dix), cherchant, dis-je, un habitant supérieur, plus ou moins semblable à ceux qui régnaient sur les autres mondes, mais ne distinguant encore aucun indice de sa présence, eut la bonne foi et la rare justice de se résoudre à croire que cet être n'existait certainement pas, et que la Terre, toute belle et toute parée qu'elle fût alors, resplendissait pour l'espace aveugle.

L'Ile-de-France était sortie des eaux. Comme il arrive pour les génies supérieurs, qui pressentent souvent la destinée future des plus humbles empires, la Comète se sentit particulièrement attirée du côté de cette partie du monde. Déjà la mer s'était étendue deux fois sur ces nobles terrains; mais la configuration géographique qu'ils devaient garder venait seulement de recevoir son caractère définitif au point de vue du littoral. Une population très-complexe les habitait. A l'endroit où Paris devait être, la Comète remarqua les prédécesseurs très-antiques des Parisiens : des hippopotames beuglaient dans la fange des marais; des mégathériums (*mega*, grande; *therion*, bête); des chameaux et d'autres ruminants commençaient leurs émigrations; des cerfs à bois gigan-

tesque et des biches rapides se cherchaient et se
fuyaient dans les retraites des forêts. Sur les rives
de la Seine, dans les promenades où plus tard les
élégants devaient faire parade de leurs belles
manières, on voyait déjà les paons, premiers
types de la vanité, et non loin d'eux, on remarquait de grandes cigognes marchant d'un pas fier.

La population était, comme de nos jours, très-
mélangée. Des tortues rencontraient des lièvres,
les chiens regardaient les chats d'un air de dédain,
et les petites oies venaient derrière les grandes ;
les geais, toutefois, ne savaient pas encore se
parer des plumes étrangères. Mais les chevaux
bondissaient en liberté dans les plaines ouvertes,
laissant flotter au vent leur blanche crinière ; les
bœufs vivaient réunis en troupeaux ; on voyait les
génisses descendre boire au torrent et passer
ensemble d'un pâturage à l'autre ; les éléphants
graves, doyens de l'époque, visitaient en seigneurs
les paysages de leur paisible empire. Pour donner
le dernier coup de pinceau à ce panorama, qui
appelle la présence de l'homme, les neiges des
lointaines montagnes s'élevaient à l'horizon, dans
les nues ; sur les plans rapprochés, on voyait les
noirs sapins dominer la forêt, les ormes et les
chênes revêtir ses flancs de leurs cimes touffues,

les tilleuls orner la lisière, les hauts peupliers se dresser en pleine campagne et les saules se pencher au bord des sources murmurantes.

La diversité qui règne d'un monde à l'autre est immense, et les productions de la nature sur une terre ne ressemblent pas à celles d'une autre terre. La matière constitutive des êtres est une chose passive, d'une obéissance sans égale, et qui se moule merveilleusement au caprice de la force qui la régit; la force seule est souveraine. C'est pourquoi les forces naturelles, existant à divers degrés d'intensité ou d'association sur les globes divers, ont produit sur ces globes des êtres essentiellement distincts les uns des autres. Malgré cette variété nécessaire et indéfinie, la Comète put facilement reconnaître que la Terre approchait de l'état définitif où ses compagnes de l'espace se trouvaient déjà, dans lequel l'hôte vient prendre possession de son domaine. Elle ne ressemblait pas aux autres planètes, mais tout en gardant un caractère spécial, sa préparation était visible. Ainsi, dans une série d'appartements divers, meublés par des goûts, des modes, des caractères essentiellement distincts et même opposés, l'œil reconnaît sans peine s'ils sont préparés pour une habitation prochaine.

Croira-t-on, cependant, que la Comète dut attendre encore presque une trentaine de ses années de trois mille ans pour que ses espérances reçussent un commencemeut de satisfaction? Souvent elle fit des découvertes abusives ; souvent elle crut voir des traces de main humaine ; souvent, à la distance où elle restait toujours de la surface terrestre, des bandes d'êtres nouveaux, de chimpanzés, de gorilles, de macaques ou d'orangs, lui paraissaient révéler la création tant désirée ; mais elle reconnaissait bientôt son illusion. A une certaine époque, pendant les années quarante-quatre mille cent soixante-quatre, quarante et un mille quatre-vingt-dix-neuf, trente-huit mille trente-quatre et trente-quatre mille neuf cent soixante-neuf, elle nagea en pleine espérance. Comme on voit, dans le mois d'avril, les beaux et lumineux jours d'été faire une première apparition, la lumière, la chaleur et les parfums descendre dans l'atmosphère attiédie, ainsi, en ce mois d'avril de la Terre, il y eut une ère anticipée. Une espèce paraissant revêtue du caractère de la domination florissait dans les riantes plaines d'un grand continent, disparu depuis ; déjà des troupeaux s'étaient rangés autour d'elle, dans une sorte de domesticité consentie ; déjà les éléments sem-

17.

blaient propices à l'installation du grand roi et favorables à son établissement; mais c'était un fruit prématuré, et la Comète vit bien que ce n'étaient pas des hommes.

Peut-être eût-on pu donner aux êtres primitifs dont je viens de parler le nom de Troglodytes, attendu qu'ils habitaient les cavernes naturelles, soit au flanc des montagnes, soit dans la solitude des bois, et qu'ils n'ont jamais posé deux pierres l'une sur l'autre pour élever la plus grossière construction. Peut-être devaient-ils être la souche de la race humaine et le trait d'union qui la réunirait aux races animales antérieures, car *Natura non facit saltum*. Mais la voyageuse attentive ne put résoudre ce grand mystère. Pendant les quatre années que nous venons de signaler, elle les observa sans arriver à se rendre compte de leur nature réelle, et lorsqu'en l'an trente et un mille neuf cent quatre avant notre ère elle repassa à son périhélie, ils avaient disparu, et c'est en vain qu'elle chercha leurs traces ou leurs successeurs sur la Terre.

On voyait quelquefois aussi de grands singes se promener, la canne à la main, dans les éclaircies des forêts vierges, et quelquefois aussi deux troupes armées d'énormes bâtons se rencontrer à la lisière d'un bois et s'entre-bâtonner ; les morts et les blessés restaient sur place, et on les oubliait sans aucune espèce de sentiment. Ailleurs on voyait d'autres singes jouer entre eux d'une façon naïve et amicale, et néanmoins perfide à l'occasion, ce qui dénotait une certaine intelligence. Plusieurs de ces être joueurs se mettaient parfois à agacer quelque crocodile endormi, qui, se réveillant en sursaut, les voyait fuir à toutes jambes, et s'amusait, lui aussi, à avancer la patte et à croquer la tête du plus petit ou du moins habile. Ailleurs encore, des compagnies banquetaient joyeusement, fêtant, sans doute, la noce de quelque personnage important de leur société. C'étaient là, à vrai dire, les seuls êtres qui intéressassent alors la Comète. Elle les eût regardés pendant cinquante mille ans sans s'ennuyer. Les autres ne paraissaient pas doués du quart de leur intelligence. Chevaux, éléphants, chiens ou chats, semblaient plus dociles, et peut-être un jour leur éducation par l'homme élèverait-elle le niveau de leurs facultés et rendrait-elle ces races domestiques plus intelligentes que celle des singes ; mais à cette époque, celles-ci étaient incontestablement les premières de la création.

Plus tard elle aperçut, dans les contrées brûlantes de l'équateur, d'autres êtres qui offraient la plus grande ressemblance avec les précédents. Ils étaient noirs comme eux, vivaient aussi en petites familles dans les gorges ou dans les bois, s'entre-tuaient de temps en temps, faisaient la chasse aux oiseaux du ciel et restaient cachés pendant la nuit. Deux points seulement établissaient une petite différence entre les précédents et ceux-ci : c'est que les premiers s'amusaient beaucoup, tandis que les seconds paraissaient toujours d'une humeur féroce, et qu'ils allumaient quelquefois des bâtons dans un petit volcan, tandis que les autres ne l'avaient jamais essayé. A part cela, ils se ressemblaient comme deux gouttes d'eau.

Par une coïncidence des plus heureuses, comme on n'en voit guère que dans les romans, notre Comète, qui s'éloigne, comme nous l'avons dit, à quinze milliards trois cent quatre-vingt-sept millions huit cent mille quatre cents lieues du Soleil, rencontra, l'année même où elle fit l'obser-vation précédente, une grande Comète parabo-lique [1], qui venait du Soleil α du Centaure, notre

---

1. On appelle comètes paraboliques celles qui, au lieu de suivre autour du soleil une courbe fermée et de repasser pé-riodiquement dans les mêmes lieux, s'écartent de la figure elliptique pour ne plus revenir. Elles s'éloignent alors à des

voisin, qui ne demeure, comme on le sait, qu'à huit trillions six cent trois milliards deux cent millions de lieues d'ici. Elles profitèrent de l'occasion si rare de la rencontre de deux astres pour faire route ensemble, et la Comète du Centaure accompagna la nôtre jusqu'à l'orbite de Neptune. Elles ne causèrent qu'un instant cométaire, c'est-à-dire pendant trois cent quatre-vingt-dix ans seulement ; mais ce court intervalle fut suffisant pour que notre Comète pût s'en revenir joyeuse, attendu que sa commère, douée de beaucoup d'esprit, lui assura que si elle avait vu faire du feu sur la Terre, elle avait le droit d'en conclure qu'il y avait là certainement une race intellectuelle.

Elles s'étaient entretenues des royaumes extra-neptuniens, et la comète parabolique avait fait preuve d'une excellente érudition et d'une profonde expérience ; car il n'est rien de comparable aux grands voyages pour nous instruire sur la valeur comparative des différents pays. Mais, d'un

distances indéterminées, sortent des limites de l'attraction de notre soleil, entrent parfois dans le domaine d'un autre et lui appartiennent pendant un certain temps ; puis elles tombent de nouveau dans un autre système, et continuent irrégulièrement leur course vagabonde.

autre côté, ils donnent quelquefois moins de solidité à nos jugements sur certaines vérités absolues, indépendantes des nationalités, et cette Comète de rencontre flottait dans l'incertitude lorsqu'il s'agissait de ces graves vérités. C'est pourquoi la nôtre résolut de se tenir en garde contre les attractions de l'inconnu et de ne jamais devenir parabolique. Je ne rapporterai pas leurs discussions sur les extra-neptuniens, attendu qu'elles dépassent notre portée. Nos vues les meilleures, — je parle des vues télescopiques, — ne vont pas au delà du Trident, dont le sceptre se borne à un empire de deux milliards trois cent millions de lieues de large.

A son retour suivant, notre touriste intrépide augura bien de la Terre dès son approche. Cette Terre aimée se présentait au soleil levant, sous l'aspect le plus coquet et le plus splendide qu'elle eût jamais admiré. Elle resplendissait de jeunesse et de clarté dans le ciel limpide. Les plaines verdoyaient comme au matin rafraîchi par la rosée; les fleurs s'entr'ouvraient et les bosquets offraient à côté des lis les roses épanouies. C'était certainement la dernière époque, l'époque quaternaire, qui commençait.

Si les volcans qui fumaient encore étaient

nombreux au centre des chaînes, et si les vapeurs rougeâtres montaient tourbillonnantes vers le ciel; si la Terre tremblait encore et semblait distendre ses membres engourdis; si de lourds pachydermes écrasaient le velours émaillé des prairies, tandis que les lions et les tigres rugissaient dans le vaste désert; si les grands chasseurs ailés fondaient sur de petits êtres craintifs pour les dévorer, tandis que l'onde amère recélait elle-même des monstres inexorables, c'est que la Terre ne devait point être un monde de perfection, c'est qu'elle devait rester un monde inférieur, où la *loi de mort* régnerait, hélas! comme une condition souveraine de la loi de la vie. Mais il était visible que les types primitifs informes étaient disparus et remplacés par une habitation plus avancée, établie sans doute sur une base définitive. Il était visible que des montagnes aux plaines et des forêts à la mer, l'ère d'occupation par un hôte capable d'apprécier la valeur d'un tel séjour n'était plus dans l'avenir, mais dans le présent.

Souverainement avide de voir enfin sur la Terre des êtres capables de comprendre la beauté de ces scènes grandioses, des créatures nobles et puissantes dont le front fût illuminé par l'auréole sacrée de la pensée, l'attentive Comète veillait.

Elle avait bien vu, six années cométaires auparavant, des bipèdes au poil fauve passer d'une caverne à l'autre et faire des chasses à outrance; elle avait bien observé, l'année suivante, des êtres armés d'arcs, de flèches, de haches et de couteaux de silex, se réunir quelquefois dans des cités de boue, voire même sur des lacs, à la façon des castors; mais elle ne pouvait se résoudre à croire que la race humaine n'eût pas d'autres représentants. A chacun de ses passages périhéliques, elle embrassait ardemment de ses regards la totalité du globe en chacune de ses contrées, et son cœur palpitait à chaque instant devant une découverte illusoire. Depuis cinquante mille ans, et surtout depuis dix mille, elle s'attendait à voir l'homme apparaître; elle méritait bien de recevoir enfin sa récompense.

Dans les fertiles vallées qu'arrosent les affluents supérieurs du Gange et de l'Indus, au delà des chaînes gigantesques de l'Himalaya, un printemps perpétuel répand sa bienfaisante influence. Le zodiaque iranien prend son origine en un point du ciel qui marquait le solstice en l'an — 19337. Deux grandes races vécurent plus tard sous cette institution du premier calendrier astronomique. A l'époque où la Comète passa, ces deux races étaient encore réunies : c'étaient les Aryas, tribus nomades qu'elle reconnut immédiatement comme supérieure aux précédentes; outre leur forme extérieure plus avancée, elles manifestaient par des signes indubitables une conscience intellectuelle. Les familles s'étaient réunies en peuplades, et cette vie nationale primitive, portant ses tentes de plage en plage, se dirigeait vers le Soleil. C'était l'Orient qui s'éveillait; et peut-être était-ce là le berceau de l'intelligence. Dieu venait-il d'étendre la main sur sa dernière création, pour faire resplendir à son front le signe éternellement ineffaçable de la conscience? ou bien n'avait-il pas encore touché le front débile de cette créature trop jeune encore?... L'usage de la raison n'est pas donné à l'enfant le lendemain de sa naissance.

Lorsqu'on jette un gland sous l'humus fertile, les années descendent et pressent le germe secret. Bien des neiges blanchissent le sol de la forêt, bien des printemps versent la rosée, et bien des juillets rayonnent, sous les cimes touffues, leur chaleur salutaire. Longtemps, longtemps après, un jeune chêne verdoyant se balance au souffle des vents, et les petits oiseaux qui s'y posent font ployer sa tige encore tendre. Mais si les siècles passent sur la cime grandissante du végétal, avec les périodes séculaires naîtra la vraie grandeur de l'arbre aux rameaux immenses. Des générations viendront s'asseoir à son ombre, et les chiffres deviendront insuffisants pour marquer le nombre de ses années. Ainsi, dans la nature, tout grandit avec lenteur ; ainsi, dans l'œuvre divine, tout progresse suivant la noble succession des âges.

V

L'astre qui assistait avec une attention maternelle au développement successif de la création terrestre, observait qu'en ces derniers temps un progrès plus rapide s'était manifesté d'une période à l'autre. Toutefois, trois mille ans sont une durée si médiocre, que le progrès accompli dans cet intervalle était bien faible. Ce n'est que par le nombre de ces passages termillénaires que l'astre inspecteur avait pu constater l'accroissement de la création et son élévation vers une perfection peut-être indéfinie.

Mieux justifiée que jamais dans ses espérances, notre philosophe mit la plus grande attention à examiner ces tribus patriarcales de l'Inde. Mais qu'elles étaient loin des habitants des autres mondes, avec lesquels elle avait fait connaissance dans l'antiquité ! Quelle distance les séparait de l'ère véritablement humaine où les sciences, les lettres et les arts sont la culture des nations ! Si l'esprit s'est éveillé sous ce crâne encore déprimé, s'il a déjà conscience de lui-même, il n'est pas sorti de la période nocturne où les rêves dominent encore. Il vit au sein d'une crainte perpétuelle ; il invoque les éléments, les êtres inanimés, les phénomènes de la nature, à titre de puissances supérieures ; mais aussi déjà il songe, et déjà il communique par la poésie avec la source universelle de toutes choses.

C'est seulement en l'année treize mille cinq cent quatorze avant notre ère, que la Comète crut apercevoir pour la première fois une apparence de cité humaine ; ce n'était qu'un assemblage informe de tentes de pierre. Nul ne saurait dire pourtant avec quel enthousiasme elle la salua ; avec quel bonheur elle constata cette marque sensible du progrès de la famille intellectuelle sur la Terre. Au sein de l'immense plaine liquide qui enveloppait la plus grande partie du globe d'une nappe d'émeraude, un triangle irrégulier d'un jaune d'ocre se découpait. Cette plage paraissait moins fertile que celle qui se développait à sa droite, et où l'on voyait encore les tribus hindoues remarquées naguère ; mais, à l'extrémité nord, il y avait une contrée d'une richesse extraordinaire. Il semblait que l'homme, ayant pu embrasser la totalité de la sphère terrestre et en comparer les différentes régions, eût choisi précisément la plus belle et la plus agréable ; remarque qui peut servir à montrer quelle intelligence souveraine gouverne toute chose. Au milieu de cette région privilégiée, un grand fleuve descendait et se divisait en deux branches principales avant de se jeter dans la mer. C'est en haut du triangle formé par cette division que la ville primitive reparaît. Cette *Memphis* devait céder sa royale suprématie à This, ville de la haute Égypte, et plus tard Thèbes devait éclipser les deux précédentes.

L'observatrice céleste n'avait pas encore entrevu la race blanche parmi les hommes, il est vrai, mais elle remarquait cependant que de grands progrès se manifestaient dans les apparences. Elle vit que des hommes s'étaient réunis en sociétés spéciales pour des travaux spéciaux, et que déjà une sorte d'unité reliait les familles en un même peuple. Le soir, quand ses feux resplendissaient sur l'horizon, elle voyait des hommes conduits par d'autres venant s'agenouiller au bord du Nil et contempler son image dans l'onde tranquille. Pendant la nuit, du haut des monticules pyramidaux, d'autres hommes, vêtus de costumes distincts, observaient sa position parmi les étoiles.

C'étaient les origines des recherches, mais c'étaient aussi les origines de l'asservissement des peuples ignorants et craintifs par des hommes impudents et tyranniques.

La Comète ne faisait ses apparitions sur la Terre qu'à de longs intervalles, on conçoit qu'elle n'ait pu se former qu'une idée extrêmement vague de ce que l'homme dans son orgueil décore du titre pompeux d'Histoire du monde. C'est au point de vue général, sous leur aspect céleste, qu'elle observait les événements successifs de la création et non pas à travers du prisme trompeur dont les hommes se servent pour grandir ce qui les concerne, et amoindrir ce qui leur est étranger. La Comète n'avait pu se flatter de connaître les petits détails de l'histoire; elle en était empêchée par nature; mais elle eût pu (comme cela lui est arrivé plusieurs fois, du reste) se faire l'interprète de l'astre terrestre près des autres astres du ciel, et donner son histoire avec une ampleur et une vérité de vue infiniment supérieures aux illusions des hommes. On ne serait donc pas en droit de s'étonner si notre observatrice ne cherche pas mieux que précédemment les insignifiants petits détails de la vie terrestre; sa méthode d'observation n'a pas changé, et ce n'est pas à cause de

apparition de la famille humaine qu'elle rapproche les phases de ses rapides apparitions.

Ainsi, elle ne saurait dire si dans son passage
de l'an dix mille quatre cent quarante-neuf, la
théocratie égyptienne comptait ses années dans
la période de *Phta*, ou seulement dans celle de
Phré, de *Chunb* et de *Seb;* mais elle sait astrono-
miquement qu'un soleil voisin du nôtre, dont elle
attendait dire beaucoup de bien par les comètes
qui en venaient, le grand, le beau SIRIUS, avait eu
la puissance de s'attirer les regards et les pensées,
l'admiration et l'estime des prêtres de la haute et
de la basse Égypte. Semblablement, elle ne saurait affrmer que l'ère hindoue des Manouantaras
inaugurée à son origine zodiacale par l'ancien,
le premier Manou Soua-Yambhouva, et qu'en cette
année 19,337 les enfants d'Osiris aient su parfaitement distinguer le point du solstice d'été entre
le Nakchatra-Aswini et le Nakchatra-Bharani ;
mais elle sait, à n'en pas douter, qu'ils aimaient
tendrement le Soleil, Agni, dieu du feu, et qu'ils
craignaient Indra, dieu de la foudre. Elle sait,
par observation directe, que l'Orient lumineux
berça dans ses auréoles candides l'intelligence
naissante qui, plus tard, devait descendre vers
l'Occident où nous sommes.

Elle comprenait bien, du reste, que si la Terre était destinée à devenir un séjour intellectuel, digne d'être mis en comparaison avec ses voisins de l'espace, Jupiter, Saturne, etc., ce n'était pas e deux jours qu'elle y parviendrait, et que pour s'é tablir il fallait à l'humanité de lentes période d'apprentissage. C'est un long stage que celui d la civilisation d'un monde ! Théoriquement, l Comète calculait par ses années de trois mille, e se disait que dans quatre ou cinq ans la Terr devrait déjà sortir de l'enfance. Quatre année après celle où nous en sommes donnent mil hui cent onze : la Comète se trompait-elle? Pratique ment, elle pensa qu'il faudrait une durée beau coup plus longue, attendu que, d'après ce qu'ell voyait, les hommes ne semblaient pas désireu de se perfectionner les uns les autres, mais d s'entre-détruire. A parler franchement, voil l'observation qui la frappa le plus, et qui dès lor ne l'a jamais abandonnée; elle est toujours sou le coup de la première impression qu'elle reçut er assistant du haut des cieux à la grande et sanglant bataille livrée dès ces premiers siècles, impres sion qui, loin d'avoir été cicatrisée par le temps, fut toujours renouvelée, puisque l'astre sensible n'a pas encore passé une seule fois près de la

Terre, depuis qu'il y a des hommes, sans voir quelque part ces êtres s'entre-tuer. Il lui sembla qu'ils n'étaient nés que pour essayer leurs forces et pour les exercer les uns contre les autres aussitôt qu'elles furent suffisantes, et qu'au lieu d'être une famille solidairement unie comme sur d'autres globes, les hommes de la Terre formaient un royaume éternellement divisé contre lui-même. A ce compte, elle augura qu'il faudrait quadrupler le nombre des siècles nécessaires à l'affranchissement de l'homme.

Un événement inattendu, que l'on note simplement ici par parenthèse, mit une lacune dans la série des observations cométaires à l'époque où nous sommes arrivés. Dans son passage de l'an sept mille trois cent quatre-vingt-quatre, son attention fut complétement absorbée par la Lune, et les neuf mois qu'elle passa en vue de la Terre s'écoulèrent sans qu'elle eût le temps d'y continuer ses observations. Vers cinquante-neuf mille quatre cent quatre-vingt-neuf, c'est-à-dire dix-sept ans auparavant, elle avait remarqué sur l'astre voisin du nôtre, qui nous accompagne sans cesse comme un satellite fidèle, un mouvement général qui avait opéré une division inaccoutumée à la surface lunaire. Deux natures essentiellement dis-

tinctes s'étaient emparées de chacun des hémisphères ; les habitants, qui passaient de l'un à l'autre, croyaient pénétrer dans un nouveau monde.
Or, comme il n'y avait pas là pondération des
pouvoirs, la partie la plus riche absorba insensiblement la partie plus pauvre, comme si elle eût
sucé toute la séve de la vie, et comme si elle eût
résolu de dominer sans rivale le royaume humain.
Tous les fluides, tous les liquides convertis en gaz
émigrèrent de l'hémisphère qui regarde la Terre
à l'hémisphère opposé, et l'époque où la Comète
passa fut précisément l'époque de l'émigration des
Sélénites eux-mêmes dans le seul hémisphère qui
fût resté habitable. On les voyait plier bagage et
s'enfuir de tous les côtés vers le cercle de l'horizon ;
petits et grands, gras ou maigres, riches ou pauvres, tous partaient pour le nouveau monde, si
bien que l'hémisphère infortuné resta depuis lors
complétement désert, et qu'aujourd'hui encore
les seuls rochers s'y regardent éternellement dans
un affreux silence.

Un autre événement faillit encore mettre un
terme aux études de notre Comète. A son antépénultième passage, elle crut entendre les derniers soupirs de la Terre. Un flux énorme s'en
échappait, des torrents avaient envahi les terres

intérieures ; plaines et montagnes semblaient submergées, comme si la mer eût franchi les barrières de son royaume pour transporter sur les anciens continents sa domination mortelle. Mais quand le globe eut tourné dans la soirée de 180 degrés et eut présenté son autre hémisphère, la Comète reconnut que ce déluge n'était pas universel; qu'il s'étendait seulement vers les régions primitives de l'Asie, et que les deux gigantesques triangles américains rayonnaient au soleil, riches d'une végétation splendide, d'espèces animales à l'apogée de leur domination, et d'une humanité plongée dans la vie et dans l'adoration de la nature. C'étaient les ancêtres des Toltèques, qui devaient être remplacés par les Chichimèques d'abord, par les Aztèques ensuite, lesquels devaient englober aussi les Tapanèques, les Colhues, les Tlatélolues, etc., et fonder la ville célèbre de Ténochtitlan sur les îles du lac Tezcuco, lesquelles îles devaient elles-mêmes se réunir un jour en une seule pour donner une base solide à la capitale du Mexique. On voyait encore les montagnes où Manco-Capac devait un jour fonder la république des Incas, adorateurs du Soleil, et où Pizarre apparaîtrait pour fonder par la conquête la vice-royauté du Pérou. Entre les deux Amériques, on distinguait une multitude de petits États désunis. La Comète pensa avec raison que dans le cas où le monde asiatique aurait le malheur de s'endormir au fond des flots, le monde américain serait bien capable de le remplacer. Mais elle eut bientôt lieu d'espérer que les jours de l'humanité n'étaient aucunement en danger. Tandis que ce nouveau monde s'éveillait à son tour, l'ancien continuait de grandir, à part la petite fraction accidentellement noyée. L'Égypte possédait une véritable cité, où l'on distinguait des palais et des tours et le commencement d'une informe sculpture; de hautes pyramides orientaient le pays. Les grandes capitales de l'Inde se fondaient. L'Europe s'apercevait déjà elle-même de son existence; ouvrant sa paupière sous un ciel lumineux, elle remarqua qu'il faisait grand jour et voulut se lever. Dans l'Australie, la Comète ne voyait toujours que de grands singes occupés à se faire mutuellement les plus horribles grimaces.

Elle observait encore, en compagnie de ces créatures humaines si diverses, d'étranges animaux qui n'existent plus de nos jours : l'*Elephas primigenius* ou mammouth, éléphant colossal de 15 à 18 pieds de hauteur, armé de longues défenses courbées en cercle, qui ne mesuraient pas moins de 4 mètres. En trouvant plus tard ses os fossiles mêlés à des ossements humains, on les prendrait pour des pièces d'hommes géants de 20 pieds de taille. On voyait aussi le rhinocéros *tichorhynus*, couvert de poils abondants, qui engendra les dragons légendaires gaulois des grottes sépulcrales ; l'ours des cavernes, qui se promenait à Montmartre, en compagnie du tigre gigantesque ; le bœuf primitif et l'aurochs, que Jules César rencontra pour la dernière fois en revenant de Bibracte ; le cerf *megaceros*, dont les bois, d'une énorme envergure, mesuraient 3 à 4 mètres d'écartement, et qui fut la proie des premiers chasseurs à l'arbalète ; enfin, des oiseaux superbes, comme on n'en voit plus, le *dinornis* ou l'*épiornis*, dont les œufs étaient longs de 25 centimètres, et qui, gigantesques autruches, faisaient une très-belle figure placés à côté de l'homme.

Nos aïeux les Celtes, de race indo-germanique, connurent ces derniers respectables rejetons des générations antédiluviennes. Ces braves ancêtres méritèrent l'attention de notre Comète, comme cent mille ans auparavant les mégathériums et les dinothériums se l'étaient attirée ; et c'est une

remarque digne d'être méditée, que le même
astre sur lequel nos yeux se reposent aujourd'hui
fut contemplé jadis par des yeux éteints depuis
des siècles et par des races disparues pour jamais
dans le gouffre des âges. C'est ainsi que passent
les êtres éphémères qui nous représentent en apparence toute existence, tandis que la nature universelle, à laquelle nous ne songeons pas, demeure permanente dans sa calme grandeur.

. C'est en l'an 1254 avant la naissance de Jésus-
Christ que notre vénérable voyageuse fit son
avant-dernier passage en vue de la Terre. Nos
aïeux, disions-nous, vivaient encore de la vie naturelle primitive, au sein des forêts ombreuses
du pays qui devait être la France, bornant leur
ambition au rivage qui les avait vus naître, et
jouissant en paix de la lumière du ciel et des
biens de la Terre.

Leurs grands-oncles, que nous avons aperçus
il y a quelques milliers d'années dans l'Orient,
menaient encore la vie joyeuse et tourmentée de
la conquête, tandis qu'ils vivaient tranquillement
dans les forêts de leur patrie adoptive. Bientôt ils
descendront au sud, laissant derrière eux les
Cimmériens, les Scordisques, les Taurins, les
Boïens et les Cimbres; mais ils veulent encore

jouir du privilége de l'enfance. Ils monteront vers la grandeur. A l'opposé, ceux que nous avons vus sont successivement tombés en décadence. Les Égyptiens dorment, Memphis est morte, This rêve, Thèbes aux cent portes veille; mais bientôt tout cela sera emporté par le vent du désert. Autant de civilisations disparues. Babylone, fondée depuis quinze cents ans, est déjà tombée, et Ninive qui lui succéda est en ruine. Ecbatane allait paraître, puis disparaître pour Persépolis, qui tomberait aussi elle-même. Assyriens, Mèdes, Perses, Chaldéens, n'étaient plus que des tronçons de serpent; dans l'autre monde, l'Amérique avançait avec lenteur. En Chine, on succédait à l'Inde, et le Soleil, répandant ses rayons calmes, enveloppait la nature immense dans une lumière en repos. Naguère un petit peuple était sorti d'Égypte; maintenant il se fixait le long de la mer, mais il n'avait pas encore de rois. Enfin, l'on voyait une petite île au bas de l'Europe, dont les habitants, venus là il y a huit cents ans seulement, se disaient antérieurs à la Lune, et prétendaient avoir été engendrés du limon de la terre, comme les cigales que leurs femmes portaient en témoignage dans leur chevelure. Un grand événement occupait alors les habitants du pays. Un nommé Pâris ayant enlevé une très-belle dame nommée Hélène, épouse légitime du roi Ménélas, et l'ayant emportée dans une petite ville d'Asie Mineure, à quelques degrés de là, toute la nation était sur pied. En un clin d'œil on eut fabriqué toute espèce d'armes, caparaçonné des chevaux, aiguisé des épées, poli des cuirasses, tissé des cottes de mailles, armé des carquois, forgé des boucliers, chaussé des jambières, enfilé des fers de lance, ferré des bâtons, chargé les bagages. La Comète n'avait jamais vu pareils préparatifs. Malheureusement, c'est-à-dire heureusement pour elle, elle ne put assister à la guerre entière, car l'assaut de la ville demanda dix ans à lui seul, et en dix ans la Comète avait parcouru quelque chose comme quatre-vingt-cinq millions de lieues; mais cela ne l'empêcha pas de trouver que l'on faisait beaucoup de bruit pour peu de chose, et de conjecturer que si les habitants de la Terre se mettaient ainsi à se batailler pour des riens, elle finirait par ne plus les honorer de son attention.

VI

« Dieu ! quel changement depuis l'année dernière ! s'écria l'être à la flamboyante chevelure,
lorsqu'il revint près de la Terre dans sa dernière
apparition historique. Est-ce là le monde dont
j'aurais pu naguère bercer la timide enfance dans
mon auréole enflammée ? Est-ce là le peuple que
j'ai vu si misérable et si petit, si craintif et si faible ?
Mais ils sont donc morts tous ceux que j'ai vus et
entendus par ici ? Hommes, peuples, cités, pa-
ries, tout est transformé ! Où sont les bardes qui
me prirent à témoin de la constitution celtique ?
Où sont les dolmens et les autels ? Que de révolu-
ions depuis mon départ ! Je ne reconnais plus ni
es Celtes, ni les Kimris ici ; ni les Mèdes, ni les
Grecs là-bas. Quelle ville est-ce ceci ? Mais ce
n'est pas la Terre !... » La Comète n'en revenait
pas.

Il y avait, en effet, bien du changement depuis sa dernière visite ; car *on était alors en l'an de grâce* 1811, *et la Comète descendait en plein sur Paris* [1].

Pour les astres en général, et pour les grandes Comètes en particulier, trois mille ans ne sont pas grand'chose : dans le calendrier de l'éternité, c'est moins qu'une seconde. Mais pour l'homme, vous savez comme moi…. mathématicien lecteur que trois mille ans c'est beaucoup, beaucoup !

Que de générations ont passé sur la scène d[u] monde depuis l'an 1254 avant Jésus-Christ! L[a] Grèce ; le Latium et les rois ; la république latine Carthage ; le Nord ; l'empire romain ; le renver

---

1. L'astre voyageur dont nous racontons l'histoire n'est autr[e], en effet, que la grande Comète de 1811. Tous se souviennes[t] de l'effet prodigieux que produisit l'apparition soudaine de c[e] astre magnifique dans la soirée du mardi 26 mars 1811. O[n] lui attribua la fécondante chaleur de l'été et l'excellence du vi[n] de cette année mémorable. Tous les papiers publics l'interpr[é]tèrent, la faisant causer dans toutes les langues et pour tout[es] les causes. Les uns la caressaient, les autres la craignaien[t]. Ceux-ci relisaient l'éternelle prophétie d'Orval ; ceux-là célé[braient] braient le salut que le ciel donnait à la naissance du roi d[e] Rome. Napoléon, s'accoudant à une croisée des Tuileries, de[man]mandait à son oncle le cardinal Fesch ce qu'il pensait du nou[u]vel astre. Tout Paris regardait, et l'été ne se passa pas sa[ns] qu'on eût confectionné des cravates à la Comète, des chapeau[x] à la Comète, et sans qu'on eût mis la Comète à toute sauc[e]. Cela fit tant de bruit qu'on s'en souvient encore comme d'hier.

sement du colosse ; les Barbares ; l'empire d'Occident ; la fondation des royaumes franc, ger-
manique, anglo-saxon ; paganisme, christia-
nisme, islamisme ; schismes ; renaissance ; progrès et décadence de la féodalité ; monarchie,
république, empire. Toute cette succession s'était
lentement écoulée dans notre pays, sans que la
Comète en devinât le premier mot. Et que serait-ce
si, au lieu de nous borner à notre société européenne, nous embrassions le globe entier ? Toute
la partie historique de l'existence de l'homme sur
la Terre tiendrait pourtant entre ces deux termes :
— 1254 + 1811, qui ne marquent pour notre
Comète que l'intervalle d'une seule année.

Sa surprise fut donc bien légitime et bien par-
donnable. Du jour au lendemain elle était passée,
sans s'en apercevoir, de l'empire troyen à l'empire
français, et d'Agamemnon à Napoléon. On ne
saurait faire, en vérité, un saut plus magnifique.

Les villes et les peuples avaient changé. Les
uns avaient disparu, d'autres étaient nés. Évidemment, l'humanité avait fait un pas depuis
lors. Était-ce en avant, était-ce en arrière ? L'astre, fin observateur, eut quelque raison de croire
que ce n'était pas en arrière. Mais non-seulement
l'homme avait changé avec tout ce qui le con-

cerne, la nature elle-même avait suivi une modification qui semblait due à une autre cause qu'à la main du temps. Les forêts étaient resserrées et n'embrassaient plus l'espace immense qu'elles occupaient jadis. Des cours d'eau creusés de main d'homme jetaient de la diversité au milieu des cours naturels. Les marais étaient desséchés. Le rivage des mers semblait défendu. Les campagnes étaient traversées de lignes blanches; des villages s'échelonnaient sur les coteaux. Des cités industrieuses étaient assises au bord des grands fleuves, baignant leur pied dans l'onde rapide; des jardins et des bosquets entouraient ces groupes d'habitations humaines. Il fallait bien en convenir : dans cette petite contrée de l'hémisphère l'homme avait révélé sa présence.

Mais... (où n'y a-t-il pas de mais?) la Comète entendit encore le cliquetis des armes. « Encore! hélas! fit-elle, je commence à croire qu'ils en ont pris l'habitude. Pauvres hommes! ce pays-ci n'est pourtant pas si laid! Pourquoi versent-ils ainsi le sang dans leurs campagnes dégradées? Ne serait-il pas plus beau de travailler en paix sous le gai soleil? Mais savent-ils bien ce qu'ils font? »

Dans le sein de l'espace silencieux et infini, les distances n'existent pas, et deux organes créés pour percevoir les sons les plus faibles pourraient en recevoir la communication à travers l'impalpable éther. Tout est relatif, l'intensité du bruit aussi bien que celle de la lumière. Lorsque les Comètes arrivent aux déserts lointains de leur plus grand éloignement, elles ralentissent leur marche, comme si dans les profondeurs de l'espace elles prêtaient à l'inconnu une oreille attentive. On dit que parfois, semblables aux âmes qui dans un exil commun fraternisent, elles se communiquent de loin leurs impressions à travers l'immensité, et qu'elles charment les ennuis de la solitude et des ténèbres par une conversation sur la nature des choses et la destinée des êtres qu'elles ont visités. Il y a quelques années, notre Comète reconnut dans les solitudes trans-uraniennes la Comète de Halley, moins noble qu'elle, mais fort au-dessus de la moyenne toutefois. Les deux voyageuses ne tardèrent pas à se raconter confidentiellement leurs mutuels souvenirs.

— J'ai trouvé la Terre bien changée depuis mon dernier voyage, disait la plus grande et la plus âgée. On fait les choses bien vite sur ce monde-là. Il paraît qu'ils comptent trois mille ans dans une seule de mes années, et que dans

cette mesquine période quatre-vingt-dix générations ont le temps d'y naître et d'y mourir. Quelle
différence avec Neptune, où, depuis six mille ans,
je ne les ai pas vus changer d'un *iota!*

— Honorable douairière, répondait l'autre,
mes années sont beaucoup plus rapides que les
vôtres ; car pour une de mes révolutions autour
de notre roi brillant les terriens ne comptent que
soixante-quinze ans ; cependant, à vous dire vrai,
dans ce court intervalle, on trouve le temps de
bâtir et de renverser beaucoup sur cette petite
terre. Je suis persuadée que mon étonnement sur
la frivolité des terriens n'est pas inférieur au vôtre.

— Entre nous, ces gens-là me paraissent bien
superficiels ou bien actifs : depuis qu'il y a des
hommes sur la Terre, elle se transforme à vue
d'œil. Jadis, avant la création de cet animal, je
me souviens d'avoir fait vingt et trente voyages
sans avoir aperçu de grands changements à la
surface terrestre. Depuis cinq ans seulement (la
Comète parlait ici de 15,000 ans), ils ont trouvé
moyen de bâtir, de démolir, de creuser, de combler, de transfigurer leur patrie, comme s'il s'a-
gissait d'une véritable fantasmagorie.

— En quelle année terrestre fîtes-vous votre
avant-dernière apparition, Madame?

— Belle enfant, c'était, si j'ai bonne mémoire, il y a une trentaine de siècles terrestres; je ne connais pas assez leur petit calendrier pour vous préciser au juste. Pour moi, j'étais dans ma deux cent quarante-cinquième année, car je comptais quarante-six ans depuis l'éveil de ma conscience quand j'ai remarqué la Terre pour la première fois, et je suis bien revenue deux cents fois depuis.

La petite Comète, qui savait assez bien calculer, trouva sans peine que cette avant-dernière apparition datait au moins du milieu du treizième siècle avant l'ère chrétienne; des visites plus fréquentes à la Terre l'avaient mise au courant de notre manière de compter en ans païens et en ans de grâce. Aussi ne put-elle s'empêcher de sourire en songeant à l'étonnement de sa vénérable compagne à propos des changements survenus sur la Terre depuis cette époque. Comme toutes les personnes de son sexe, elle possédait à une haute sensibilité la démangeaison de la parole, et ne demandait pas mieux que de raconter, séance tenante, ses observations personnelles sur l'humanité terrestre. L'autre s'en aperçut.

— Chère voyageuse, lui dit-elle, vous devez en savoir beaucoup plus que moi sur le sujet qui nous occupe. Vous êtes venue plus souvent que moi du côté de la Terre, et vous avez suivi de plus près son histoire. Est-ce que l'état de choses que j'ai eu sous les yeux tout à l'heure (elle voulait dire en 1811) n'a pas fait suite immédiatement à celui que mon précédent séjour m'avait offert? Il me semble qu'il y a une grande lacune entre ces dates, et que c'est à vous qu'il convient de la combler.

— Je suis venue quarante fois à proximité de la Terre depuis votre avant-dernier voyage, reprit celle-ci, et chacune de ces quarante fois, vous l'avouerai-je? j'ai toujours trouvé du changement. Les hommes vivent si brièvement sur ce globe, qu'il en est infiniment peu qui puissent se vanter d'avoir vu de moi deux apparitions successives, et que la plus grande partie ne m'a même pu voir une seule fois. Et pourtant, ajouta-t-elle avec un accent de regret, mon année est quarante fois plus petite que la vôtre. De mes diverses apparitions, celles dont je me souviens le mieux, parce que les événements dont je fus le sujet m'ont extrêmement frappée, sont celles que sur la Terre on a datées aux époques de XII avant l'ère chrétienne, DCCCXXXVII, MLXVI, MCCCCLVI, MDXXXI et MDCCLIX. Si cela vous intéressait, je me

ferais un plaisir, d'autant plus vif qu'il m'est plus
rare, de vous narrer cette histoire.

Comme la Comète s'intéressait extraordinaire-
ment aux affaires humaines, et que, du reste,
dans les solitudes profondes qu'elle traversait,
elle n'était pas fâchée de la société de la jeune
Comète, elle porta la plus grande attention au
récit de l'excursioniste.

Alors celle-ci lui raconta comment au sein du
Céleste Empire chinois, en l'an 12 avant l'ère
vulgaire, sous la dynastie glorieuse des *Han*, successeurs des Thsin, le *Fong-siang-chi*, ayant observé la Comète par ordre de l'empereur, avait
reconnu qu'elle était un nouveau signe de la ma-
lédiction céleste contre Thsin-chi-hoang-ti, qui,
non content d'avoir réduit en cendre l'observatoire
de la *Tour des Esprits*, élevée par l'empereur Wou-
wang, avait encore fait couper la tête aux quatre
cent cinquante lettrés les plus savants de l'empire,
et ordonné sous peine de mort que, dans l'espace
de quarante jours, fussent brûlés tous les livres
classiques de morale, de philosophie, d'astronomie et d'histoire; comment l'astronome impérial
(le Fong-siang-chi) avait conseillé au prince de
passer, comme en hiver, dans la salle à gauche
du palais noir pour offrir un sacrifice à Hiouen-

ming et renouveler symboliquement l'ère des
sciences, des lettres et des arts; comment le Ta-
tsoung-pe avait assemblé les mandarins autour du
trône impérial comme à la dernière éclipse, non
plus pour secourir l'astre, mais pour le saluer, et
comment cet intendant avait fait battre à l'empereur
lui-même, « sur le tambour du tonnerre, le roule-
ment du prodige »; et comment toute la Chine fut
sur pied pendant deux grands mois terrestres...
Elle raconta ensuite comment, en l'an de grâce
837, Louis le Débonnaire, fils et successeur de
Charlemagne, s'était mis à genoux devant elle
dans un angle obscur de la terrasse du palais, et
lui avait demandé quelle annonce elle venait lui
faire de la part du ciel; comment ses pairs ecclé-
siastiques avaient répondu au lieu et place de la
Comète muette, et comment le débonnaire empereur avait employé les trois années qui lui restaient
à vivre dans la fondation des gothiques cathédra-
les, des riches abbayes, des vastes monastères, et
dans la dotation royale des églises et couvents...
Elle raconta encore comment, en l'an 1066, le duc
Guillaume le Conquérant avait laissé crier dans
toute la Normandie : « *Nova stella, novus rex;*
nouvel astre, nouveau souverain; » comment il
se laissa donner la Comète pour guide, et marcha

sous son égide à la conquête de l'Angleterre : ce que l'on peut voir encore aujourd'hui dans la fameuse tapisserie de Bayeux, où la reine Mathilde, femme du Conquérant, dessina les principales scènes de la conquête, et fit le portrait exact de madame la Comète, étincelant sur la tête d'une multitude de gens qui lèvent vers elle leurs yeux et leurs bras... Elle raconta surtout comment, en 1456, chrétiens et musulmans, en guerre, virent en elle la forme d'un sabre flamboyant et le présage des plus horribles malheurs. Mahomet II, ayant pris d'assaut Constantinople, se promettait d'aller faire boire son cheval sur l'autel de Saint-Pierre de Rome, et en passant assiégeait Belgrade. Le pape Calixte III vit ses craintes et ses terreurs grandement amplifiées à l'apparition du sabre turc dans le ciel. Elle raconta comment ce pape, exaspéré, l'avait excommuniée elle-même en excommuniant les Turcs ; et comment il avait institué l'*Angelus*, prière que l'on faisait à midi, au son des cloches, pour appeler les bénédictions du ciel ; comment, dès le commencement de la grande boucherie qui dura deux jours sans désemparer, les frères mineurs, n'ayant pour toute arme qu'un crucifix à la main, « s'étaient placés aux premiers rangs, invoquaient l'exorcisme du pape contre elle, et voulaient diriger sur leurs ennemis la funeste influence de l'apparition céleste... » Elle raconta encore, si grande fut la diversité de ses effets, qu'à son apparition de 1531, Louise de Savoie, mère de François Ier, ayant aperçu, trois jours avant sa mort, une grande clarté dans sa chambre, avait fait tirer un rideau, et avait été si rapidement frappée de sa vue qu'elle s'était écriée : « Voilà un signe qui ne paraît pas pour une personne de basse qualité ; Dieu le fait paraître pour nous grands et grandes ! Refermez la fenêtre ; c'est une Comète qui m'annonce ma mort. Préparons-nous !... » Elle raconta, enfin, comment de son apparition en 1682 date son ère historico-astronomique, puisque ce sont les éléments de son passage observé cette année qui proclamèrent son identité avec la Comète apparue en 1531 et 1607, et permirent au célèbre astronome Halley de l'enregistrer à la vie de la science et de lui donner son nom, en prédisant son retour pour l'année 1759.

Elle en vint alors à faire à sa sœur aînée l'histoire générale et synchronique de la succession des empires, depuis l'an 1254 avant l'ère vulgaire jusqu'en l'an 1835, époque de sa dernière apparition sur la Terre. La grande Comète ne fut pas médiocrement étonnée de la rapidité avec laquelle les hommes filent et défilent la trame des nationalités. Ce qui la surprit plus vivement et plus péniblement encore, ce furent les moyens employés par les habitants de la Terre pour leurs conquêtes réciproques : le fer, le sang, les raffinements odieux de la cruauté, la grandeur de la méchanceté dans de si petits corps et dans des êtres aussi frêles; l'outrecuidance des grands, la faiblesse native des uns et des autres. L'histoire universelle lui parut fort peu édifiante, et si ce n'est qu'elle ne dédaignât de toute sa hauteur les petitesses humaines, plus d'une fois ses longs cheveux lui seraient dressés sur la tête au récit horrible que le petit astre chevelu lui faisait.

Tout en cheminant, elles dépassèrent Neptune sans s'en apercevoir, et la Comète de Halley continua sa biographie cosmopolite.

— L'astronomie a fait de tels progrès depuis quelques soixante-quinze ans, dit-elle, que dès mon apparition en 1682 (style terrestre), l'astronome qui m'a donné son nom avait annoncé mon retour pour l'an 1759. Ce n'était pas manquer de hardiesse. Vous savez que, sans m'enfoncer aussi loin que vous dans les déserts de l'espace, — car dans une quinzaine d'années, en 1873, il me fau-

dra m'en retourner, tandis que vous, vous continuerez votre voyage pendant quinze cents ans encore, — vous savez, dis-je, que je m'éloigne toutefois à douze cent millions de lieues de la Terre.
Pour nous, ce n'est pas énorme; mais pour les
petits habitants de la Terre, c'est immense. Dans
cet intervalle, je suis parfois retenue par certains habitants de l'espace, et je suis contrainte
de ralentir mon mouvement en traversant leur
domaine. Or, ces messieurs de l'Observatoire ont
la vue fine, ou, pour mieux dire, ils paraissent
doués d'une intuition transcendante. Ainsi, lorsque, en arrivant à l'empire jovien, j'étais depuis
longtemps entièrement hors des limites de leur
vue, aidée même des plus puissants télescopes,
je me serais crue en droit d'espérer échapper complétement à leur appréciation. Il n'en est rien.
Jupiter me fit subir 518 jours de retard, et Saturne 100. Eh bien, tout cela fut déterminé,
prévu, annoncé, à un mois près : Nous n'avons
plus rien de caché pour les astronomes!

J'eus la bonne fortune d'être annoncée quinze
ans à l'avance par la plus belle queue que l'on
ait jamais vue, une queue sextuple, — qui ne
m'appartenait pas, j'ai hâte d'en convenir. Vous
avez vu l'autre jour cette intrigante qui passe d'une

cour à l'autre sans jamais revenir deux fois au même endroit, et qui est si *excentrique* qu'elle en est devenue *parabolique*, et vous n'avez pas été sans remarquer qu'elle est ornée de six queues à elle toute seule. Eh bien, c'était elle-même qui s'était faite mon avant-courrière en 1744 : ce fut la plus belle Comète du dix-huitième siècle du calendrier terrestre actuel. Le premier soir de son apparition, on eût cru voir un second soleil couchant, tant son auréole était resplendissante.

Je vous disais tout à l'heure qu'à chacune de mes pérégrinations j'avais trouvé de la nouveauté dans les habitudes, les mœurs, l'esprit des nations. En aucun temps cette remarque ne fut plus évidente qu'à mon dernier voyage. Partie des régions terrestres en 1759, je devais y revenir en 1835. On avait, mieux que précédemment encore, calculé le retard que Jupiter, Saturne et Uranus me feraient subir, et l'on avait même tracé la route que je suivrais dans le ciel à mon retour ; je devais passer le 20 août 1835 près de l'étoile ζ de la constellation du Taureau ; le 28, entre les Gémeaux et le Cocher ; le 21 septembre, dans le Cocher ; le 3 octobre, dans le Lynx ; le 6, dans la Grande-Ourse ; le 12, dans le Bouvier ; le 13, dans la Couronne ; le 15, entre Hercule et le Serpentaire ; le 19, dans Ophiuchus ; le 16 novembre, près de η de cet astérisme ; le 26 décembre, près d'Antarès, dans le Scorpion. Bien entendu, je ne me suis pas écartée de la ligne qui m'était si sagement tracée. Or, je vous disais qu'à aucune époque de ma vie et près d'aucun monde je n'ai vu pareil renversement, pareille révolution dans les idées qu'à ce dernier voyage, ce qui, à vous parler franchement, me rendait profondément triste, si triste même, que les habitants de la Terre n'ont pas été sans doute sans s'en apercevoir[1]. Qu'a-t-on fait sur la Terre de 1759 à 1835 ? Quel cataclysme s'est opéré chez les humains ?

---

1. On lit dans l'*Edinburg Review* de 1836 : « La Comète de Halley, dans les nuits mêmes où elle s'est le mieux montrée, était, dans cette apparition, blafarde et diffuse ; elle excitait plutôt la curiosité que l'admiration. Nous l'avons examinée au télescope, et nous ne saurions peindre le sentiment de tristesse que produit cette mélancolique clarté. Plus on examine un objet pareil, moins on arrive à se rendre compte de sa nature. Une lumière bleuâtre et mal définie, à moitié éteinte dans une grande enveloppe nuageuse, tel est le spectacle qu'on a sous les yeux. *La qualité de cette lumière est étrange ;* elle ne ressemble ni à celle du Soleil, ni à celle du satellite de la Terre, ni à celle des étoiles, ni même au reflet des nébuleuses de la Voie lactée. Il faut avoir vu Saturne dans une forte lunette pour se faire une idée exacte de la lueur plombée que jetait cette Comète. »   HERSCHELL.

Plus je cherche la cause et le mode de cette rénovation, et plus les ténèbres augmentent. La Comète de Charles-Quint s'y perdrait.

— Qu'est-ce que c'est que cela, Charles-Quint?

— Oh! pardon, ma vénérable; j'oubliais que
vous n'étiez pas au courant des affaires terrestres.
Charles-Quint était un empereur, qui abdiqua la
couronne d'Allemagne en 1556, à la vue de l'une
de nos sœurs flamboyantes, qui passait par hasard du côté de la Terre, et qui ne se doutait
même pas de l'existence de cette Terre. Cette
même sœur, on l'a accusée également d'avoir
causé le déluge et annoncé plus tard la mort de
César. Cette Comète devait revenir trois cents ans
plus tard, en 1856; mais depuis qu'elle a connu
l'outrecuidante sottise des empereurs, qui s'imaginent être le centre des intentions célestes, elle a
dit adieu à ce petit vaniteux de monde, et a résolu
de passer dans un autre système; elle est actuellement chez l'étoile polaire, et les humains ont
beau l'attendre, elle ne viendra pas. Mais, pour
renouer le fil de nos idées un instant accroché
par cette Comète exemplaire, je disais donc que
je me suis perdue en conjectures sur les causes
du changement survenu dans la société européenne pendant mon absence.

— C'est à moi de vous renseigner cette fois-ci, ma filleule. Si les grands sont bien souvent trop haut placés pour distinguer et apprécier les événements d'en bas, ce qui constitue pour eux une funeste ignorance dont je nous plains, ils sont quelquefois mêlés à des événements qu'ils jugent alors avec supériorité. C'est pourquoi le peu que j'ai entrevu servira peut-être à combler la lacune qui vous manque à votre tour. Ce que je sais, c'est qu'en 1811 il n'y avait plus en France de roi par la grâce de Dieu, mais un empereur. La semaine même de mon arrivée, un fils fut donné à cet empereur. Je restai en vue de la Terre depuis mars 1811 jusqu'en avril 1812. J'ai cru reconnaître que la France épouvantait alors ses voisins par un agrandissement extraordinaire dû à la conquête; et ce qui me confirma dans cette idée, c'est que le grand potentat leva une armée de 450,000 hommes, et partit avec ce demi-million du côté des steppes de la Russie. Je ne sais ce qu'ils sont devenus; car, dès le mois de juillet 1812, je ne distinguais plus grand'chose à la surface du globule terrestre.

Les Comètes sont bonnes logiciennes. En s'aidant l'une l'autre des lambeaux de leurs souvenirs et de l'expérience que leur avait donnée l'observation des peuples, elles reconstruisirent à peu près notre histoire. C'était un syllogisme d'un nouveau genre. En 1759, disait l'une, il y avait en France une constitution sociale vermoulue sur laquelle des marteaux nommés philosophes frappaient à qui mieux mieux. En 1811, disait l'autre, il y avait un grand empereur et un grand blocus. En 1835, reprenait la première, il y avait un roi constitutionnel et une France très - pacifique. Avec ces trois données, elles s'étaient représenté à grands traits l'esquisse de l'histoire française. Leur conversation s'étendit également aux autres nations ; car les Comètes n'ont pas plus de préférence pour une fourmilière que pour une autre. Mais comme les histoires circonvoisines ressemblent beaucoup à la précédente, et que d'ailleurs elles nous intéressent moins, nous qui ne sommes point de race cométaire, nous ne rapporterons pas ces conversations éthérées.

C'est ainsi que les célèbres exploratrices de l'espace, habituées aux grandes choses, avaient pesé le globe où nous sommes sur leurs fluidiques balances. Mais bientôt la Comète de Halley inclina sa route en ligne courbe pour fermer son orbite à son aphélie, tandis que la majestueuse comète de 1811 continua son cours en ligne

droite, car elle ne cessera de s'éloigner du système solaire qu'en l'an de grâce 3343, pour y
revenir avec la même lenteur. Peut-être actuellement, dans ces déserts intra-stellaires, observe-
t-elle des mondes qui nous sont inconnus, des
mondes anciens dont le soleil s'est éteint, et qui
transportent silencieusement dans l'espace leurs
ruines cosmologiques et leurs cimetières d'humanités défuntes.

Épilogue. Lorsque la Comète de 1835 revien-
dra (en l'an de grâce 1911), peut-être nous trouvera-t-elle simplement vieillis de soixante-quinze
ans, insignifiante bagatelle ! Mais lorsque sa vénérable compagne de 1811 repassera par ici (vers
l'année 4876), qui ou que trouvera-t-elle à notre
place ? La brillante capitale où nous sommes sera-t-elle où sont aujourd'hui les capitales de la
dernière année de la Comète ? Troie !... Ninive !...
Thèbes !... et cent autres dont les noms n'ont pas
même survécu aux ruines ? Le vent des solitudes
soufflera-t-il dans les plages où fut la France, et
les saules plaintifs se pencheront-ils silencieusement sur la Seine d'autrefois ? Reverra-t-elle la
France et Paris, l'Angleterre et Londres, l'Italie

et Rome, cette Comète à longue période, qui n'a pas vu deux fois de suite la même cité ni la même nation? Si dans quelque cinquante mille ans nous continuons cette historiette (nous ou quelque autre), faudra-t-il ajouter de nouvelles nouveautés qui auront encore effacé les premières, et l'histoire de la Terre ne sera-t-elle jamais que l'histoire de renversements et d'établissements superficiels? Les Comètes n'ont pas le don de prophétie. Cependant, comme l'auteur de ce récit a le bonheur d'en avoir quelques-unes dans son intimité, et qu'il était trop petit en 1811 pour oser aborder la grande et fière Comète de cette chaude année, il se permit tout dernièrement d'envoyer une messagère aux blonds cheveux à l'illustre voyageuse, avec prière de lui demander confidentiellement ce qu'elle espérait voir sur la Terre aux prochaines époques de son retour. L'auteur a la bonne fortune de pouvoir terminer ce véridique récit par une réponse agréable. La grande Comète n'a rien précisé, il est vrai, et c'est là un signe de sa haute valeur et de son extrême prudence; mais elle a répondu à la petite Comète qu'elle devait retourner avec un visage souriant au singulier astronome qui l'envoyait: — Car, avait-elle ajouté de sa propre voix, dis-lui bien, chère petite, que l'humanité, qui lui paraît déjà si vieille, n'est encore qu'à sa première enfance; elle se débat et souffre encore des premières douleurs intimes; mais qu'il espère! avant seulement cent mille ans d'ici, je parierais ma chevelure qu'elle aura non-seulement l'usage de raison, mais encore l'instruction gratuite et obligatoire, le suffrage universel compétent, la république définitive, l'affranchissement des consciences, enfin la suppression des soldats, des conducteurs de troupeaux, et des boucheries humaines.

Telles furent les dernières pensées, les dernières paroles de l'astre voyageur, qui avait appris à juger de haut l'histoire de la planète terrestre et de son humanité. On en conclut que nous sommes, en définitive, fort peu de chose dans l'immense univers, mais que pourtant, si nous faisons usage de notre intelligence, nous acquerrons une valeur qui nous distinguera de la matière brute. Devenir des êtres *spirituels :* tel doit être, comme le disait la comète, le but constant de nos efforts.

DANS L'INFINI

DANS L'INFINI[1]

Il y avait plusieurs années que je n'avais reçu
aucune communication de LUMEN, quoique bien
souvent j'aie réfléchi à ses étranges révélations
sur la lumière et sur la vue du passé et des existences antérieures, lorsqu'un soir, à l'heure où
nous avions eu l'habitude de nous entretenir,
— quand, au troisième jour de la Lune, le croissant silencieux plane mélancoliquement dans le
ciel occidental, — heure douce et calme entre
toutes, j'entendis un frémissement à côté de moi.
Il me sembla qu'un nouveau venu avait marché
sur des feuilles mortes ; mais j'étais assis dans un
fauteuil sur mon balcon, et il n'y avait pas de
feuilles mortes. De nouveau le même bruit inexplicable se fit entendre, je fis le tour du balcon

1. Écrit en 1872.

sans voir personne, et du reste nul n'aurait pu
entrer à mon insu ; je passai par la coupole du
grand télescope, et l'idée de diriger l'œil d'U-
ranie sur les paysages lunaires, si remarquables
à cette époque de la lunaison où ils sont éclairés
obliquement par le Soleil, me vint subitement à
l'esprit et m'occupa avec assez d'intensité pour
que j'aie oublié le bruit singulier que j'avais entendu et qui m'avait fait lever de ma rêverie. Je
passai une bonne heure dans l'étude de la séléno-
logie et je m'appliquai surtout à prendre un dessin des rives escarpées de la mer de la Sérénité.
Quand la Lune fut couchée, je tournai le télescope vers Jupiter, et je remarquai mieux que jamais l'éclat des zones blanches qui traversent son
disque, zones alors si brillantes, qu'un de ses satellites passant sur la planète me parut noir par
contraste, quoiqu'il fût blanc en dehors du
disque.

Comme il y avait alors beaucoup de taches sur
le Soleil et que peu de temps auparavant on avait
admiré sur l'Europe entière une magnifique aurore boréale, la coïncidence du nombre des taches
solaires et de la fréquence des aurores boréales
depuis quelques années me fit songer que peut-
être il existe aussi actuellement des aurores bo-

réales sur Jupiter, qui ajoutent à l'éclat de cette planète une lumière propre, distincte de celle qu'elle reçoit du Soleil et qu'elle réfléchit dans l'espace.

J'avais ainsi passé la soirée en observations astronomiques. Vers dix heures, la température baissant sensiblement, on alluma le poêle de faïence de la pièce voisine, et je vins de temps en temps me chauffer les pieds entre les observations. Vous pensez sans doute ici, mon cher lecteur, que ce sont là des détails superflus qui vous importent peu. Détrompez-vous, car si je prends soin de les consigner ici, c'est qu'il y a utilité à le faire pour l'explication de ce qui suit. En effet, un de mes collègues m'arriva vers minuit me parler d'une étoile double qui allait passer au méridien. Tout en causant, je songeais à lui montrer mon dessin des rives escarpées de la mer de la Sérénité et à lui demander s'il le trouvait exact. Je cherchai d'abord le dessin sur mon bureau et fus assez étonné de ne pas l'y trouver. Mais il était posé sur le poêle de faïence. —Tenez! lui dis-je, je le cherche bien loin et le voilà devant nous. Voyez : le mont Roëmer est bien éclairé. Le grand cratère de Possidonius n'est encore qu'à demi dans la lumière, et les bords du lac des Songes sont assez remplis de crevasses. Le cirque de Le Monnier et celui de Vitruve ressortent merveilleusement... mais je ne sais pas pourquoi je garde cette feuille au lieu de vous la montrer. Prenez-la, et examinez à votre aise ce méridien de notre satellite pour lequel le Soleil se lève à cette heure.

Mon collègue prit la feuille, et j'allai pointer le télescope sur l'étoile double dont il m'avait parlé. Je fus bien cinq minutes à placer l'instrument en position, et, pendant tout ce temps, il ne me dit pas un mot, ni pour approuver, ni pour critiquer mon dessin. Quand je revins vers lui l'inviter à aller regarder l'étoile double, il se mit à rire aux éclats en s'écriant :

— Ah çà! mon cher, est-ce que vous devenez fou? où diable est votre dessin là-dessus? Ce n'est pas là un paysage lunaire en vérité, mais un grimoire d'astrologie ou d'alchimie, où les sorciers d'Albert le Grand eux-mêmes n'y connaîtraient goutte.

— Comment cela ? répliquai-je. Mon dessin n'est pourtant pas si mal fait, et vous n'ignorez pas que depuis longtemps j'examine particulièrement ces mêmes régions de la Lune. Demain, nous verrons si la petite montagne de

Linné est toujours la même : le Soleil arrivera l'effleurer.

— Eh bien ! faites-moi le plaisir de me dire où est le cratère de Possidonius sur ce papier-là.

Et il me tendit la feuille.

Je l'eus à peine regardée, que je ressentis un étonnement sans pareil, au point de me demander sérieusement si je rêvais. Et vous jugerez de ma stupéfaction si j'avoue que vraiment la feuille *ne portait pas mon dessin* au crayon, mais *un grimoire* à l'encre, une série de lignes fantastiques indéchiffrables !

La première réflexion qui m'arriva fut de supposer que je m'étais trompé de feuille et que je n'avais pas remis le dessin à mon collègue. Mais comme j'en avais parfaitement revu les détails avant de lui passer la feuille, je ne pouvais admettre cette hypothèse. D'ailleurs, ces lignes indéchiffrables, je ne les avais jamais vues. Comment étaient-elles chez moi? Enfin c'était bien la même feuille sur laquelle j'avais fait mon dessin, demi-feuille de papier à lettre, marquée à mon chiffre, que j'avais prise, parfaitement blanche, au moment de dessiner.

Quelle explication chercher à un pareil phénomène?

Voici le grimoire qui remplaçait si étrangement mon dessin sénélographique.

!Π ☉✓ ⚹Δ+⚊Π?♃?+! >♄♀⚹♄☆♀☽ ☉ ⚹'?✓⚹☉☆? & ☉Π !?♃⚹✓.

⚹'☽+♀☽+☽ & ⚹'♄!?>+☽!♄ : ♂?Π♃ ♃Æ✓!♚>?✓ ♂☽2♀☽☆☽⚹?✓ ☉ ☉2⚹>Δ♀Δ+⚹☽>.

✓☽ !Π ☉✓ ⚹☉ ⸯΔ⚹Δ+!♄ ♂'☉2☆>Δ☽!>? !Δ+ ✓☉ⸯΔ☽> ♂☉+✓ ☆?2!? ♂☽>?☆!☽Δ+,

ⸯ>♄⚹☉>?-!Δ☽ ☉ ♄☆ΔΠ!?> Π+ ?✓⚹>☽! ⊡Π☽ ✓☉☽! ♌?☉Π☆ΔΠ⚹.

☉ ♃☽+Π☽!, ♂☉+✓ Π+? ⚹Π+☉☽✓Δ+, !Π ⚹'?+!?+♂>☉✓, ☆Δ2♃? !Π ♃'☉✓ ☉Π!>?-♀Δ☽✓ ?+!?+♂Π. ☆? +? ✓?>☉ ⚹⚹♂Π✓ ♃Δ☽, ☆☉> ↠? +? ♂Δ☽✓ ⚹♂Π✓ !'?+!>?-!?+☽>.

⚹Π♃?+.

Évidemment, il n'y avait pas moyen de reconnaître dans ces lignes les moindres traces de mon dessin. C'était là une inscription, sans doute, mais, avouons-le, cabalistique en vérité, et inintelligible. J'étais beaucoup plus étonné moi-même que je ne voulais le paraître, de cette singulière métamorphose. J'avouai à mon ami que je n'y comprenais absolument rien, et je lui laissai penser que mon dessin avait été fait sur une autre feuille et était momentanément égaré.

Lorsqu'il eut pris congé de moi, je revins au papier, et, en le retournant (ce que, je ne sais pourquoi, je n'avais pas encore fait), je vis mon dessin de l'autre côté, assez peu marqué du reste, car ce n'était qu'une légère esquisse au crayon. Mais comment, en le dessinant, n'aurais-je pas vu ces lignes cabalistiques si nettement imprimées de l'autre côté? Évidemment, elles n'y étaient pas. Je m'épuisai en conjectures, et lorsqu'arriva l'heure du sommeil, je remis ma recherche au lendemain, en me souvenant du vieux proverbe, qui affirme que « la nuit porte conseil. »

A mon réveil, le lendemain matin, je n'eus rien de plus empressé que de prendre de nouveau ma mystérieuse feuille de papier et de l'examiner en continuant la recherche du problème. Autre merveille! Mon dessin sélénographique y était parfaitement visible. Quant aux hiéroglyphes, il n'y en avait plus la moindre trace!

— Pour le coup! m'écriai-je, voilà un tour assez bien réussi de mon esprit familier. Mais où peut être la raison de tout cela?...

Et je me mis à chercher, à bâtir mille conjectures pour arriver à une explication. Enfin l'idée du poêle et de la chaleur me remettant en mémoire les propriétés des encres sympathiques, je songeai subitement que peut-être mes hiéroglyphes étaient écrits avec une substance de cette nature. Pour le vérifier, je me mis à chauffer mon papier; et je n'eus pas une médiocre satisfaction à voir apparaître les mystérieux caractères à mesure que le papier était chauffé davantage. Lorsque l'inscription fut parfaitement visible, je me mis en devoir de la transcrire, pour l'étudier et *pour chercher à la lire* en lui appliquant les règles de la cryptographie.

Le premier point qui me frappa en examinant l'inscription, ce fut la signature. Ce mot de cinq caractères me fit songer à *Lumen*, et je pensai que peut-être c'était mon ami spirituel d'outre-terre qui était l'auteur de cette inscription. Je me souvins immédiatement du singulier bruit que j'avais entendu deux fois de suite, la veille, en songeant à lui, et je fis la réflexion que ce n'était pas là une conjecture indigne d'attention. D'ailleurs je pouvais simplement l'admettre à titre d'hypothèse provisoire, et essayer si elle ne m'aiderait pas à lire le monogramme ☉∏Ψ?+.

Si cette signature est le nom de Lumen, me dis-je, chacun de ces cinq caractères correspondra respectivement aux cinq lettres de son nom. Je supposai donc que

$$\lozenge = L$$
$$\Pi = U$$
$$\Psi = M$$
$$? = E$$
$$\perp = N$$

et j'essayai de remplacer chacun de ces signes par sa lettre correspondante partout où je les rencontrerais, et j'examinai si cette substitution apportait un commencement de clarté dans cette grande obscurité. Le premier mot imprimé plus haut fut donc inscrit :

!u

Les deux caractères du second mot ne se trouvant pas dans les cinq de la signature probable qui me servait de base pour commencer mon déchiffrement, je dus passer outre. Mon hypothèse de substitution me donna sept lettres connues à remplacer dans le troisième mot, et je l'inscrivis ainsi :

l∆n⊥uemen!

J'eus à peine fini d'écrire ce mot, que le signe !

20.

m'apparut devoir être un *t*, comme terminant l'adverbe. Le premier mot devait donc être, très-probablement *tu*, et le troisième finissait par *uement*. La fabrication de ces deux mots m'apprit deux points extrêmement importants pour ma recherche : le premier, c'est que la signature était effectivement le nom de Lumen; le second que l'hiéroglyphe était construit pour la langue française. Je continuai ma recherche avec espérance.

Le quatrième mot n'était pas éclairci par la substitution de sa quatrième lettre *l*. Il en fut de même, malheureusement, des suivants.

Le dernier mot de la première phrase fut écrit.

tem ⊓ ✓

J'augurai de ces deux derniers caractères qu'ils ne pouvaient guère être qu'un *p* et une *s*, et pour savoir si ma conjecture était soutenable, je vis que le second mot de cette première phrase encourageait l'hypothèse. Recommençant donc d'écrire cette première phrase, j'eus les fragments suivants, en remplaçant les caractères inconnus par des points :

Tu .s l.n.uement . . .l. . . . . . l'esp..e et .u temps.

L'examen logique de cette phrase fragmentaire montre que le mot principal qui précède le temps doit être l'espace. En faisant cette supposition, le signe ⊙ devient *a* et le signe ☆ devient *c*. Essayons si l'hypothèse est bonne, et répétons la phrase avec ces deux nouvelles substitutions :

Tu as l.n.uement ...l.c.. à l'espace et au temps.

Evidemment c'est bien cela.

Je restai ensuite une heure environ à tourner et retourner cette phrase, sans pouvoir découvrir les deux lettres manquant encore au troisième mot, ni les six lettres manquant au quatrième. Dès lors, j'entrepris d'analyser par la même méthode la seconde phrase de mon singulier logogriphe.

Le premier résultat de cette analyse fut de remarquer la fréquence du signe ☾. D'après son placement, je conjecturai que ce ne pouvait être qu'une voyelle, et comme j'avais l'*u*, l'*a* et l'*e*, j'essayai l'*o*, et j'inscrivis ainsi le premier mot de la seconde phrase :

l'on.ono

Cette supposition ne m'amena pas à deviner le

mot, en faisant passer successivement toutes les
consonnes par la lettre manquante. Mais comme
le signe représentatif de la voyelle *i* me manquait
aussi, je l'essayai, et j'écrivis :

l'in.ini

A peine eus-je interposé les consonnes, que je
trouvai avec un double et indicible plaisir, qu'en
remplaçant la lacune par la consonne *f*, on ob-
tenait

l'infini.

Ce qui démontrait : 1° que le signe ☾ représentait la voyelle *i*, 2° que le signe ♀ était la consonne *f*. Je continuai mon interprétation avec le
plaisir croissant de l'algébriste qui poursuit la
solution d'une équation en bonne marche. Les
deux mots suivants furent inscrits, avec les deux
signes non encore connus :

et l'.te.nit.

L'éternité! m'écriai-je. Mais aussitôt je me demandai comment il se faisait que la voyelle *e*, dont
je connaissais le signe représentatif (?) n'était pas
désignée par ce signe, mais par le signe ♄. Ayant

trouvé l'*a*, l'*i* et l'*u*, j'essayai l'*o* et l'*y*, simplement pour constater que ces voyelles n'allaient
pas. Ce mot ne pouvait être que l'éternité. Je fus
donc conduit à admettre que le son *é* n'étant pas
du tout le même que le son *e*, l'Esprit avait représenté chacun d'eux par un caractère différent, au lieu de mettre un accent. Je continuai.

Le mot suivant était

$$♂\,?\,\Pi\,♀$$

dont je ne connaissais ni la première ni la dernière lettre. J'inscrivis .*eu*., sans découvrir le mot.

Je continuai la suite de la phrase :

$$\ldots m\,Æ\,st♀res\;♂i2ficiles\;à\;a2pr\triangle f\triangle n♂ir.$$

2 *f* et **2** *p*, me dis-je, ce doit être simplement
là un doublement de consonnes. Dans ce cas, le
second mot de ce fragment, c'est

$$♂ifficiles$$

Le signe ♂ est un *d;* en le remplaçant par la
lettre qu'il représente, je puis écrire de nouveau la
phrase :

$$deu.\;m.st.res\;difficiles\;à\;app.f.ndir.$$

Approfondir! m'écriai-je. Le signe ▵ est la voyelle *o*. J'ai maintenant toutes les voyelles. Mais non ! Entre l'*m* et l's du second mot, ce ne peut être qu'une voyelle. Ce n'est ni l'*a*, ni l'*e*, ni l'*i*, ni l'*o*, ni l'*u*, puisque c'est Æ. Mais qu'est-ce que Æ ? Ne serait-ce pas un *y?*

deu. myst.res

Deux mystères! voilà l'énigme. L'*è* étant encore un autre son que l'*é* et que l'*e*, aura été représenté par le signe ♈ ; il y a huit voyelles dans cette langue cabalistique. De plus, le signe ♒ est un *x*.

A l'aide de ces nouveaux documents, je recommençai la première phrase pour essayer d'en déchiffrer maintenant les mots que je n'avais pu encore découvrir. Après l'avoir reprise, ainsi que la seconde, je vis que je les épelais presque couramment. Je me fis alors un alphabet avec tous ces signes planétaires, zodiacaux, astronomiques et autres, et j'arrivai peu à peu à connaître le sens de chaque caractère. Cette recherche ne fut pas stérile ; car, à la fin, je pus lire le document que l'Esprit m'avait si singulièrement construit. Il

offrait dès lors un sens parfaitement intelligible.
Le voici :

Tu as longuement réfléchi à l'espace et au temps.

*L'infini et l'éternité : deux mystères difficiles à appro-
fondir.*

*Si tu as la volonté d'accroître ton savoir dans cette direc-
tion,*

Prépare-toi à écouter un Esprit qui sait beaucoup.

*A minuit, dans une lunaison, tu l'entendras comme tu m'as
autrefois entendu. Ce ne sera plus moi, car je ne dois
plus t'entretenir.*

LUMEN

Il y avait un mois, ou, pour parler exactement,
29 jours, que cette singulière aventure m'était
arrivée, lorsque, par une même nuit, tiède et
silencieuse, sous un magnifique clair de lune, je
me trouvai seul sur la terrasse de l'Observatoire.
J'étais debout, appuyé contre la petite construction du nord dans laquelle est installé le chercheur
de comètes, et de cette haute terrasse de pierre,
je regardais la grande cité parisienne, toute illu-
minée, et dont le bruit sourd rappelait le gémis-
sement lointain de la mer. Comme autrefois du
haut de la noire tour de Babel les Chaldéens
contemplaient Babylone brillante et animée, ainsi
je contemplais l'immense brillant Paris du soir.
Le croissant lunaire estompait d'une vague clarté

les édifices qui dominent le niveau moyen des toits grisonnants. Le Val-de-Grâce avec ses belles sculptures se détachait sur le fond du ciel septentrional, le Panthéon élevait dans l'atmosphère sa haute coupole, la tour de Clovis rappelait le souvenir des conférences d'Abailard sur la montagne Sainte-Geneviève, Saint-Sulpice montrait sa nef sombre et ses deux piliers massifs, la petite coupole de la chapelle de la Visitation brillait, tout argentée par la lumière de l'astre des nuits. Les vieux marronniers de l'avenue dormaient silencieusement, et l'on ne sentait qu'une légère brise toute parfumée venant des campagnes du sud-ouest.

Sir Humphry Davy raconte que se trouvant un soir au clair de lune assis sur les ruines du Colisée, à Rome, il fut enveloppé comme d'un fleuve de lumière, entendit des sons mélodieux analogues à ceux d'une harpe, et s'endormit dans une sorte d'extase pendant laquelle un Esprit lui *montra* successivement les différentes époques de l'histoire de l'humanité, depuis les sauvages de l'âge de pierre jusqu'aux brillantes productions de la civilisation moderne. En même temps que l'Esprit lui montra ces spectacles et même l'état actuel d'habitation de plusieurs planètes de notre système, il lui *expliqua à haute voix* l'histoire de l'humanité terrestre et celle des autres humanités des sphères voisines[1]. Une sensation analogue à celle dont parle le savant chimiste enveloppa tout mon être, déjà plongé dans une rêverie profonde. Mais je ne reçus que la moitié du privilége dont l'illustre président de la Société Royale avait joui, car le sens de ma vue ne fut affecté en aucune façon, et je restai éveillé sans jamais voir d'autre tableau que celui que j'avais sous les yeux. Mon oreille seule fut affectée et entendit une voix humaine, lente, profonde, et toutefois agréable, une voix vraiment sympathique, qui me tint le discours que je vais reproduire. Je sentis comme un souffle passer sur mon front, je tournai instinctivement la tête vers la gauche, et je sentis que là était l'Esprit annoncé par Lumen. En effet, après m'avoir rappelé mes propres recherches sur les problèmes de la nature et mes entretiens avec Lumen, il m'annonça qu'il devait développer devant moi des perspectives astronomiques que l'on n'avait jamais comprises dans leur grandeur. On en jugera par son récit d'une heure, que je reproduis à peu près intégralement. Le voici.

1. *Les Derniers jours d'un philosophe*, premier dialogue.

DANS L'INFINI

RÉCIT SUR LE TEMPS ET L'ESPACE, PAR UN ESPRIT

J'arrive d'une étoile avec la vitesse du vol de l'oiseau des hautes régions, vitesse supérieure à celle du plus rapide de vos trains express. J'ai volé plus vite que l'hirondelle, plus vite que le pigeon voyageur plus vite que le faucon et l'épervier, plus vite que le condor se précipitant sur sa proie. J'ai fendu l'espace avec une rapidité plus grande que celle de cette unique locomotive dont le trajet couvrait une lieue par minute — avec une rapidité plus grande que celle d'un aérostat emporté par le vent du cyclone qui avale 80 mètres par seconde lorsqu'il dévore l'atmosphère de l'Atlantique. J'ai voyagé sans m'arrêter à raison de *cent lieues* par heure....

Malgré cette vitesse constante, je suis en marche depuis cent trente-huit billions six cent quatre-

vingt-dix millions trois cent quatre-vingt-quatorze
mille six cents siècles. C'est-à-dire, puisqu'il y a
8,766 heures par an, que j'ai parcouru 12 quintillions 157 quatrillions 600 trillions de lieues
depuis mon départ. Ces chiffres sont faciles à
vérifier, car, pour le dire de suite, je viens d'un
univers analogue à celui dans lequel vous êtes,
d'une nébuleuse de même dimension que la voie
lactée, et qui ne vous paraissant que sous un
angle de dix minutes, comme ces lointains amas
d'étoiles, est éloignée de 334 fois le grand diamètre de la voie lactée, lequel est de 36,400 trillions de lieues environ (700 fois la distance d'ici
à Sirius).

Je suis venu en ligne droite.

Ce sont là les confins de votre univers sidéral
visible. A l'œil nu vous ne les distinguez pas,
mais grâce à vos inventions optiques qui ont
centuplé la portée de votre vue, grâce à vos méthodes de calcul, vous êtes parvenus à pousser
vos investigations jusque-là, — à savoir que la
Terre est une planète gravitant en compagnie de
plusieurs autres autour d'une même étoile qui est
votre Soleil, — à constater que chaque étoile est
un soleil brillant de sa propre lumière, — à mesurer que l'étoile la plus rapprochée de vous est

à 8 trillions de lieues, — à remarquer que toutes les étoiles forment un même ensemble, une même nébuleuse, — à deviner qu'il y a un immense désert autour de votre nébuleuse, — à observer d'autres amas d'étoiles, lointains, non moins peuplés que le vôtre, — à reconnaître que les plus éloignées de ces nébuleuses connues gisent à la limite que je viens de vous rappeler, limite au delà de laquelle la création se continue jusqu'à l'infini, mais au delà de laquelle votre imagination épuisée ne peut plus rien deviner.

Or, je traverse cet univers sidéral d'une limite à l'autre. Je viens d'une nébuleuse située dans la constellation d'Orion, et je me rends à une nébuleuse située dans la constellation d'Ophiuchus, juste à l'opposite de la première relativement à la station terrestre; vous voyez que je traverse l'univers de part en part. Je m'arrête un instant dans votre système solaire, qui est à peu près au milieu de ma route. Ce voyage vous donne la mesure exacte des dimensions de l'univers révélé par les grandes découvertes de l'astronomie moderne.

Malgré vos longues méditations sur l'universel sujet, vous ne vous rendez sans doute pas exactement compte des grandeurs qu'il comporte, et vous ne pouvez avoir des notions aussi absolues que celui qui juge par lui-même. Situé dans l'espace pur, je juge mieux et mes mesures vous frapperont davantage. J'ai souvent assisté à vos muets désirs de savoir, et lorsque Lumen m'invita à vous entretenir un jour un instant des vérités célestes, j'accueillis sa demande avec sympathie, car je connus que mes paroles reçues par votre esprit ne seraient pas perdues — mais comprises.

Et d'abord, vous rendez-vous compte de l'infini ? L'espace, mon ami, est sans fin, sans mesure et sans dimensions. Le comprenez-vous suffisamment ? — Sans dimensions ! c'est-à-dire que si vous partiez d'ici vers un point quelconque du Ciel apparent, et que vous voyagiez avec n'importe quelle vitesse pendant n'importe combien de temps dans la direction de ce même point, après la plus longue série de siècles que vous puissiez imaginer, vous n'auriez fait *aucun* chemin, aucun progrès vers la limite sans cesse plus reculée de l'infini. Prenons, si vous le préférez, un autre exemple. Supposez que la Terre sur laquelle vous habitez ce siècle-ci tombe dans l'espace — et c'est du reste ce qu'elle fait avec le Soleil et avec l'amas d'étoiles dont le Soleil fait partie. — Eh bien, supposez qu'elle tombe, en ligne droite ou en spirale, pendant autant de milliards de siècles que vous voudrez : après une chute épouvantable qui l'entraînerait dans le précipice toujours béant avec une rapidité d'un million de lieues par jour, ou davantage si vous pouvez vous le figurer, après des milliards de milliards de siècles de chute..., elle ne serait pas approchée du fond de l'abîme, et ce serait, devant l'infini, exactement comme si elle était restée immobile.

Dans cet espace infini, éternel, incréé, nécessaire, il aurait pu se faire que rien n'existât, et que pendant l'éternité cet infini fût infiniment vide. A quoi tient-il qu'il y ait « quelque chose » dans cette étendue ? A quoi tient-il qu'il y ait des globes lumineux et des globes obscurs, et sur ceux-ci des minéraux solides, des végétaux, des animaux, des hommes, de toutes espèces, de toutes formes et de toutes dimensions ? C'est assurément là un secret intrinsèque qu'il serait superflu de chercher actuellement à approfondir. Quelle que soit la raison de l'existence de l'univers, nous ne pouvons encore que nous borner à constater son existence et à nous rendre compte de son mode.

La conception la plus importante pour vous est d'essayer de bien vous représenter cet espace infini sur l'étendue duquel je viens de diriger l'intensité de votre vue intellectuelle, et dans cette immensité, des globes lumineux suspendus, isolés, sans soutien d'aucune sorte. Ce sont les étoiles ou les soleils, car les deux mots sont identiques, disséminés dans l'infini à d'immenses distances les uns des autres.

Qui soutient ces globes dans le vide? Aucune force n'est absolument nécessaire pour cette cause. Supposez la matière inerte, dépourvue de toute propriété, ces globes, quelque gros, quelque lourds qu'ils puissent être d'ailleurs, resteront immobiles dans l'endroit où ils auront été posés ou formés. En l'absence de toute propriété de la matière ou de toute force influente, quelle cause les tirerait de leur repos, les inviterait à se déplacer? Aucune. Le verbe *tomber*, vous le savez déjà, n'exprime pas une idée absolue, et ne peut être employé que pour exprimer une idée relative, puisqu'il n'y a *ni haut ni bas* dans l'univers. Ainsi, on ne peut pas même se demander quelle force empêcherait les astres de tomber, car cette question supposerait qu'il y a une région inférieure dans l'univers, vers laquelle seraient attirés les objets abandonnés à leur propre poids. Mais une telle disposition n'existe pas. La Terre vous paraît former la région inférieure de l'univers parce que vous habitez sa surface ; mais en réfléchissant qu'elle tourne sur elle-même en 24 heures et que tous les astres passent ainsi successivement au-dessus de vos têtes, vous sentez déjà qu'il serait absurde de supposer que cette prétendue base de l'univers changeàt diamétralement de place chaque jour. L'illusion des sens se rejette ensuite sur l'idée que la Terre peut être un globe situé au centre de l'univers, centre vers lequel tendraient toutes les parties de la sphère céleste. Mais lorsqu'on sait que la Terre circule en un an autour du Soleil, on est forcé d'éloigner la seconde illusion comme la première, et de considérer tous les globes célestes, y compris la Terre, comme isolés et suspendus d'eux-mêmes sans soutien, dans l'immensité.

Les habitants de chaque monde sont portés dans l'espace comme l'aéronaute l'est dans sa nacelle, comme des grains de poussière, adhérents autour d'un boulet de canon, le suivent dans sa course. L'espace que nous voyons autour de nous, c'est le Ciel.

Je vous ai dit que s'il n'y avait pas de forces dans la nature, ces corps matériels inertes devraient nécessairement rester immobiles, aux points respectifs où la main de Dieu les a suspendus. Mais il y a des forces, et la plus générale, la plus importante de toutes, celle qui fait mouvoir l'univers et constitue le mécanisme de sa vie, c'est l'*attraction*.

Les corps célestes s'attirent en raison directe des masses et en raison inverse du carré des distances.

Cette force étant donnée, il en résulte que tous les astres disséminés dans l'infini s'attirent mutuellement. Si nous supposions qu'ils eussent été créés tout formés aux différents points de l'espace où ils sont disséminés, puis abandonnés à la force d'attraction, ils se seraient tous mis en mouvement instantanément, chacun d'eux subissant l'influence attractive de son voisin le plus lourd et le plus proche — ce voisin étant d'ailleurs éloigné de plusieurs milliers de milliards de lieues. Chacun des astres aurait, dis-je, subi une légère oscillation, et ensuite une autre, et encore une autre, car ce n'est pas l'attraction d'un seul que chacun aurait ressentie, mais celle de deux, dix, cent, mille, d'autant plus affaiblie qu'elle serait venue de distances plus considérables.

Cette première émotion de tous les corps célestes aurait été suivie de leur départ universel, chacun subissant l'appel de la masse prépondérante qui surpasserait les autres influences, et se dirigeant vers cette masse. Les astres les plus lourds auraient attirés à eux les plus légers, et l'action attractive se serait exercée en raison du carré des distances. Dans cette hypothèse, la marche générale de tous les astres tendrait vers leur réunion. Ils se précipiteraient tous les uns sur les autres, et quoique deux soleils marchant l'un vers l'autre pour se rencontrer emploieraient des millions d'années à se rapprocher et s'atteindre, cependant le résultat final serait le choc de tous les corps célestes se précipitant avec frénésie les uns sur les autres. Ainsi, par exemple, la Lune est attirée par la Terre : si, de la hauteur où elle est (96,000 lieues) elle tombait sur la Terre, qui est son centre d'attraction, elle mettrait à tomber 4 jours 19 heures 55 minutes... ne parcourrait d'abord qu'un millimètre $\frac{2}{3}$ dans la première seconde de chute, accélèrerait progressivement sa vitesse, et arriverait à la surface du globe avec une rapidité cent fois supérieure à celle d'un boulet de canon. La Lune pèse 72 sextillions de kilogrammes, et la Terre 5,875. Autre exemple. La Terre est attirée par le Soleil : si, de la hauteur où elle est (37,000,000 de lieues) elle tombait sur le Soleil, qui est son centre d'attraction, elle mettrait 64 jours 12 heures à tomber, ne parcourant d'abord que 3 millimètres dans sa première seconde de chute, accélérant progressivement sa vitesse, et arrivant à se précipiter finalement en raison de 600,000 mètres par seconde. Vous devinez quel choc produirait cette masse de 5,875 sextillions de kilogrammes sur le Soleil qui pèse lui-même 2 nonillions : 2,000,000,000,000,000,000,000,000,000,000. Autre exemple encore. Supposez qu'il y ait une étoile assez rapprochée de vous pour avoir une seconde de parallaxe (en réalité, il n'y en a pas une seule de si rapprochée) et que cette étoile soit de la même importance que votre Soleil (en réalité plusieurs sont beaucoup plus importantes), eh bien ! si cette étoile et votre Soleil commençaient aujourd'hui à marcher l'un vers l'autre en obéissant à leur double influence attractive, ils se rencontreraient un jour au milieu de leur distance, c'est-à-dire après avoir parcouru chacun de leur côté trois trillions sept cent billions de lieues ; mais après une marche de plus d'un million d'années ! Le choc de ces deux colosses se précipitant ainsi l'un sur l'autre serait capable de les briser tous deux ! L'arrêt subit de leur mouvement produirait une chaleur capable de les réduire en vapeur. Ils formeraient dès lors un seul astre, immense et gazeux. — De tels chocs sont déjà arrivés. On les a remarqués de votre propre planète, sans les connaître, par le grand et soudain éclat qu'ils ont produit au point du Ciel où ils se sont passés. Plusieurs des étoiles nommées *nouvelles*, qui ont brillé un instant pour disparaître après quelques années ou même quelques mois, sont dues au choc de deux vieux soleils, réunis, mariés et rajeunis en un seul et nouvel astre. Mais revenons aux mouvements célestes.

Si l'attraction était la seule force directrice de l'univers et que les astres fussent sortis du repos pour lui obéir, l'univers entier tendrait donc en définitive à s'agglomérer en une seule masse, et finirait un jour par former un tout solide. Mais tel n'est pas le but de la création. Tous les astres se meuvent, non en ligne droite, mais en lignes courbes. De plus, ceux dont on a entièrement mesuré le cours, suivent des courbes fermées. Un certain nombre de comètes font seules exception, et ces capricieuses vagabondes volent un peu à la façon des chauves-souris qui semblent se précipiter sur les tourelles et subitement rebroussent chemin en décrivant une parabole pour courir dans une direction imprévue. Ainsi, les comètes chevelues s'enfuient de système en système. Mais les globes solides qui constituent la base des systèmes, circulent suivant des courbes fermées, les satellites autour des planètes, les planètes autour des soleils, et ceux-ci autour de centres de gravité plus importants.

Ces courbes fermées donnent naissance à une seconde force, contraire à celle d'attraction, à la force *centrifuge*, qui tend, comme son nom l'indique, à éloigner les astres des centres autour desquels ils gravitent. Comme la pierre dans la fronde tend à s'échapper, ainsi les planètes tendent à s'échapper de la force solaire et les satellites de la domination planétaire. Si cette force centrifuge existait seule, ou seulement si elle était prépondérante sur l'attraction, il en résulterait une tendance générale de l'univers opposée à celle que nous considérions tout à l'heure : tous les corps célestes tendraient à s'éloigner de leurs centres respectifs, et au lieu de la convergence qui dans notre première hypothèse aurait concentré tous les corps en une seule masse, ce serait une divergence éloignant tous les astres vers l'extérieur, et les poussant comme les vagues du rivage pour aller se perdre vers les rives de l'infini. Mais comme l'infini est sans limites, cet écartement du centre, cet éloignement des positions primitives, pourrait se perpétuer indéfiniment, faire le vide en quelque sorte au centre de l'univers, et pousser tous les astres vers une circonférence extérieure jamais atteinte, toujours reculée.

Mais la force centrifuge ne dirige pas les astres exclusivement, pas plus que l'attraction ne les possède absolument. Ces deux forces contraires sont *égales*. En vertu de l'attraction du Soleil, la Terre tend à s'approcher de lui, avec une intensité de 3 millimètres dans la première seconde de ce mouvement. En vertu de la répulsion engendrée par son cours, elle tend à s'éloigner exactement avec cette même intensité de 3 millimètres dans la première seconde de ce mouvement en sens contraire. Il résulte de cette double sollicitation un *équilibre* parfait, grâce auquel les planètes ne peuvent ni se rapprocher ni s'éloigner du Soleil. C'est cet équilibre qui soutient la Terre et tous les mondes dans l'espace. Ainsi, mon ami, vous comprenez, j'espère, exactement maintenant cette organisation idéale. La Terre ni aucun des milliards de mondes habités qui existent n'est soutenue par quelque puissance matérielle. C'est en quelque sorte sur *une idée* que les corps célestes reposent. Et ils sont plus solides, mieux affermis sur cette force invisible, qu'ils ne le seraient sur les plus puissants soutiens de fer ou d'airain par lesquels les anciens avaient cru nécessaire d'expliquer la stabilité du monde.

Or cet équilibre magique n'est possible qu'à la condition du mouvement perpétuel et universel. C'est pourquoi pas un seul atôme n'est en repos dans le monde. Tout est en mouvement, en mouvement perpétuel. La Terre tourne sur elle-même en 24 heures. La Lune tourne autour d'elle en 29 jours. La Terre court en même temps le long d'un orbite dont le Soleil est le centre, et qu'elle décrit en 365 jours. Chaque planète décrit de même autour du Soleil un orbite proportionné à sa distance : la plus rapprochée, celle de Mercure, ne demandant que 88 jours pour être accomplie, et la plus éloignée, celle de Neptune, demandant 165 ans pour être achevée. Maintenant le Soleil, qui paraît relativement immobile au centre du système planétaire, tourne sur lui-même en 25 jours et demi, de l'ouest à l'est, dans le sens de la révolution de toutes ses planètes. De plus, il se déplace et marche lui-même dans l'espace, en-

traînant avec lui tout le système planétaire. Dans
son mouvement annuel autour du Soleil, la Terre
vole en raison de 644,000 lieues par jour, et chaque planète est emportée dans son cours par un
mouvement analogue, proportionnel à sa distance
et au chemin qu'elle a à parcourir dans sa révolution. La vitesse de transport du Soleil et de son
système dans l'espace est de 60 millions de lieues
par an. Ainsi il court depuis qu'il existe, se dirigeant actuellement vers les étoiles de la constellation d'Hercule. Cette vitesse est considérable ,
mesurée par vos mesures ; mais l'espace est si
vaste, qu'en supposant même qu'il vogue en ligne
droite vers Hercule, après un million d'années, il
n'aurait encore atteint aucune des étoiles de la
constellation d'Hercule, car elles planent à plus
de 60,000,000,000,000 lieues.

Chaque étoile, chaque soleil de l'espace, accompagné de son système de planètes, vole ainsi. Et
c'est par ce mouvement rapide de tous les astres
de l'infini qu'ils se tiennent en équilibre, loin les
uns des autres, soutenus sur l'invincible et inex-
tricable réseau de l'attraction universelle. C'est
par ce mouvement qu'ils vivent. Notre Soleil est
l'une des étoiles qui vole le moins vite. Le mouvement propre d'Arcturus est de 1,800,000 lieues

par jour ! Celui de l'étoile qui porte le n° 1830
du catalogue de Groombridge est de 2,822,000
lieues par jour. Et ainsi des autres soleils. Et cependant ces étoiles paraissent fixes au fond de la
nuit silencieuse, et depuis les années et les siècles
qu'on les observe, elles ne semblent pas avoir
changé de place ; la Terre vous paraît en repos
sous vos pieds, le Soleil vous paraît en repos au
centre du système planétaire. Pourquoi cet aspect
convaincant de tranquillité et d'immobilité ? Parce
que ces mouvements immenses s'effectuent dans
une espace d'une telle étendue, à de telles distances, qu'ils sont imperceptibles. De la distance de
l'étoile la plus rapprochée de vous l'amplitude du
mouvement annuel de la Terre, le cercle de l'orbite terrestre, qui mesure 74 millions de lieues de
diamètre, serait caché par la largeur d'un fil d'un
millimètre placé à 125 mètres de l'œil d'un observateur.

Les soixante-quinze millions de soleils qui constituent votre amas d'étoiles soutiennent chacun
des systèmes variés, portant dans les déserts de
l'espace les humanités écloses à la surface de leurs
mondes. La plus grande diversité règne parmi
ces productions du ciel. Sur l'astre que vous habitez, la lumière du Soleil est blanche, sa chaleur

moyenne annuelle ne dépasse pas trente degrés centigrades, l'année dure 365 jours et la journée 24 heures; l'homme pèse en moyenne 60 kilogr., mesure 5 pieds 3/4 de taille, possède 36 degrés et demi de chaleur vitale, vit en moyenne 39 ans et se reproduit à raison de trois générations par siècle. Sur un autre monde, la lumière du Soleil est bleue, et il n'y a pas d'autres couleurs; sa chaleur moyenne est de 50 degrés au dessous du zéro; l'année est de 60,000 jours, le jour de sept heures; l'homme pèse 1,500 kilogr., mesure 50 mètres de taille, sent circuler dans ses veines un sang beaucoup plus froid que la glace, et vit quatre siècles en moyenne. Sur un autre monde, au contraire, il y a trois Soleils, deux rouges et un violet, douze Lunes diversement coloriées; la température du sang est de 300 degrés, et l'homme ressemble à une sphère de gaz, volant et nageant dans l'atmosphère comme des bulles de savon. Matériaux, poids, densité, chaleur, lumière, années, saisons, mètre, etc., tous les éléments varient à l'infini à travers l'innombrable diversité des systèmes de mondes.

Les étoiles ne sont pas des astres d'égales dimensions, ni d'égal éclat, et ce n'est pas seulement à leurs différences d'éloignement que vous devez la différence de leurs grandeurs apparentes. Les étoiles les plus brillantes, que vous appelez de première grandeur, ne sont pas les plus proches, et les plus petites ne sont pas les plus éloignées. Il y a autant de variétés, et bien davantage, dans les productions du ciel que dans celles de la terre. Plusieurs surpassent de beaucoup votre Soleil en dimensions et en lumière ; d'autres lui sont bien inférieures. Le mouvement annuel de la Terre vous emporte sur une orbite de 74 millions de lieues de diamètre, et produit un petit mouvement apparent dans les étoiles les plus rapprochées : comme, lorsque vous suivez une route, les arbres du paysage semblent se déplacer sur l'horizon en sens inverse de votre mouvement, ainsi les étoiles les plus rapprochées décrivent annuellement, devant les plus éloignées qui restent fixes, une petite ellipse correspondant à la perspective de l'orbite terrestre. La plus proche, celle du Centaure, décrit une ellipse dont la longueur est à peine la 900ᵉ partie du diamètre apparent de la Lune. C'est excessivement petit. Mais cette distance (la plus proche) est encore si grande, que l'orbite de Neptune, décrite avec un rayon 300 fois plus grand que celui de l'orbite terrestre, lui est à peine comparable. Si l'on supposait un Soleil assez vaste pour occuper toute cette orbite, il n'apparaîtrait encore, vu de cette étoile que sous un disque neuf fois plus petit que celui qu'il nous offre. Si le Soleil, tel qu'il est, était transporté à la distance d'alpha du Centaure, son éclat serait représenté par la fraction $\dfrac{1}{52,900,000,000}$, comparativement à son éclat actuel. Mais la lumière que vous recevez d'alpha du Centaure est de $\dfrac{1}{16,950,000,000}$ comparativement à celle du Soleil. Il en résulte que cette étoile émet environ trois fois plus de lumière que votre propre Soleil. Son volume est dans le même rapport, et son diamètre est à celui de votre propre Soleil dans le rapport de 17 à 10.

Les deux étoiles les plus brillantes de votre ciel sont Canopus et Sirius. La première est trois fois plus brillante qu'alpha du Centaure, et comme la translation annuelle de l'observatoire terrestre ne produit pas le moindre changement de position dans cette étoile, il en résulte qu'elle est incomparablement plus éloignée de vous, et incomparablement plus lumineuse et plus volumineuse. Sirius est plus de quatre fois plus brillant qu'alpha du Centaure et présente un changement de position annuel qui vous a fait déterminer sa distance.

En tenant compte de cette distance, on trouve que sa lumière intrinsèque surpasse de 64 fois celle du soleil du Centaure, et 192 fois celle de votre Soleil. Le diamètre de cet astre est quatorze fois plus grand que celui de votre Soleil, et son volume est 2,688 fois plus considérable, quoique votre Soleil soit déjà 1380 fois plus volumineux que la Terre.

D'un autre côté, la 61ᵉ du Cygne, plus éloignée que Sirius et moins éloignée que Alpha du Centaure, est une étoile double dont chaque composante ne vous envoie que la centième partie de la lumière de cette dernière étoile. Celle-ci, éloignée à la même distance, paraîtrait neuf fois moins brillante qu'elle ne paraît, et surpasserait de onze fois l'éclat de chaque composante. Le diamètre de chacune d'elles n'est pas le tiers de celui de Alpha du Centaure, et son volume n'en est pas le trentième. Relativement à votre Soleil, la somme de leur volume n'est que le tiers du sien, tandis que leur masse est à peu près égale à la sienne.

De ces exemples, que je recommande à votre attention, vous pouvez comprendre quelle diversité existe entre les soleils. Sirius est 2,688 fois plus volumineux que votre Soleil, lequel est six fois plus volumineux que chacun des deux Soleils

jumeaux du Cygne, ce qui donne au Soleil-Sirius
un volume 16,000 fois plus grand que celui des
Soleils du Cygne. Il y a autant, et plus de différences entre les soleils de votre univers sidéral,
qu'entre les planètes de votre système solaire, où
déjà vous avez un globe, comme Jupiter, 1,400
fois plus gros que la Terre, et de petites planètes
télescopiques, telles que Sylvia et Camilla, à peine
de l'étendue d'un de vos départements français.

D'ailleurs la quantité de lumière n'est pas toujours une indication du volume, car il y a des
astres de tous les éclats, de toutes les conditions
chimiques, de tous les états physiques et de toutes les densités. Les uns sont immenses et légers,
les autres petits et lourds. Ceux-là, gigantesques,
sont presque obscurs, et même tout à fait obscurs, n'émettant plus que de la chaleur. Ceux-ci,
de dimensions moindres, brillent d'une éblouis-
sante lumière, qui traverse les espaces illimités.
Ces différents états chimiques, calorifiques, élec-
triques, établissent entre les soleils les plus grandes diversités de couleurs, depuis l'or et l'orange,
jusqu'à l'émeraude et au saphir; et toutes les
fleurs éclosent dans le parterre céleste, depuis
la rose éclatante jusqu'à la timide violette.

Un voyage à travers ces vastes régions change

toutes les perspectives et toutes les idées. J'ai traversé trois amas stellaires sur mon passage, qui planaient dans l'océan des cieux comme d'immenses archipels. Les amas d'étoiles, les univers, sont composés de plusieurs millions de soleils et de systèmes planétaires et environnés d'insondables déserts. Ainsi, le premier de ces univers sidéraux que j'ai traversés dans ce voyage était situé à 2 quintillions de lieues de mon point de départ, le second à 5, et le troisième à 9 quintillions. En arrivant à 36 ou 37 quatrillions de lieues d'ici, j'ai commencé à trouver les premières maisons de votre village, ou pour mieux dire les faubourgs de votre cité stellaire, et depuis ce moment jusqu'aujourd'hui je n'ai fait que traverser la moitié de votre univers, quoique j'y sois entré depuis 415 millions de siècles, et que je fasse cent lieues à l'heure. J'ai rencontré tour à tour sur mon passage des soleils doubles, triples, multiples, tournant en cercle avec leurs systèmes autour les uns des autres; — des soleils solitaires s'enfuyant avec une rapidité inouïe, entraînant à leur remorque les mondes de leur domination; — des soleils colorés versant sur leurs planètes les plus singuliers mélanges de couleurs; — des systèmes absolument gazeux et uniquement formés de sphères de vapeur; — des étoiles d'azote et des comètes d'acide carbonique.

La disposition des astres dans l'espace varie suivant le lieu qu'on occupe. Les lignes, droites ou brisées, les figures diverses : rectangles, carrés, arcs, couronnes, qu'ils forment vus d'un certain point, n'existent plus vus d'un autre point. En arrivant dans votre système solaire, j'ai remarqué l'arrangement apparent de la sphère céleste, vos constellations. Elles sont les mêmes, vues de la Lune ou de la Terre, de Vénus ou de Mars, et même de Neptune, parce que les perspectives célestes ne changent pas pour un simple déplacement de quelques centaines de millions de lieues. Mais si l'on compte par trillions, et surtout par centaines de trillions de lieues, la différence est sensible et les constellations se déforment, surtout celles dont on s'approche et dans lesquelles on entre.

Ici l'Esprit s'arrêta. Et après un long silence il reprit en ces termes :

Nous arrivons maintenant à votre propre système solaire. Les nombres précédents, si vous avez bien senti leur simple éloquence, vous ont développé devant l'esprit des grandeurs telles, que vous allez facilement vous représenter l'étendue du domaine du Soleil. Et jusqu'ici, malgré vos méditations, vous ne vous l'étiez pas exactement représentée.

Je prendrai l'un des exemples de cette étendue dans l'orbite de la grande Comète qui est passée près de la Terre l'an 1680. Cette Comète s'éloigne à une distance égale à 28 fois celle de Neptune, qui gravite lui-même, comme vous le savez, sur un orbite dont le rayon surpasse de 30 fois celui de l'orbite terrestre. La distance de l'étoile Alpha du Centaure est 270 fois plus grande que le rayon aphélique de cette Comète, que vous pouvez considérer comme représentant au minimum le rayon du système solaire. Vous voyez qu'en prenant pour unités de comparaison des étendues immenses, on peut mesurer l'espace sans employer des séries de chiffres qui échappent à l'appréciation.

Pour venir, non de l'étoile, car je ne viens pas de ce côté, mais de la distance de l'étoile la plus rapprochée, j'ai mis neuf millions huit cent mille ans. Pour venir de l'aphélie de cette grande Comète j'ai mis trente-six mille trois cents ans. Elle s'éloigne, en effet, à 32 milliards de lieues du Soleil, et à cette distance l'astre solaire a encore le pouvoir de rappeler des profondeurs cette faible nébulosité cométaire, si légère malgré son étendue, si diffuse, si insignifiante pour lui, et qui, dans un tel désert tressaille encore lorsqu'à l'extrémité de sa course le grand Soleil lui envoie l'ordre de revenir, ce qu'elle ne peut faire, malgré son obéissance, et malgré la vitesse croissante avec laquelle elle va se précipiter vers le Soleil flamboyant qui l'appelle, — ce qu'elle ne peut faire, dis-je, qu'en quarante-quatre siècles.

Pendant les neuf millions sept cent soixante-quatre mille ans que j'ai employés à traverser l'étendue qui environne le domaine solaire et l'isole en quelque sorte de celui de la circonscription du Centaure — un désert analogue environne chaque système et rend chaque soleil roi dans son pays — je n'ai rencontré aucun corps céleste capital dont l'attraction puisse influencer celle du Soleil sur les astres qu'il gouverne; mais seulement des débris de mondes détruits qui tombent dans l'espace avec une extrême lenteur et semblent même immobiles, car il n'y a presque plus d'attraction d'aucun astre dans ces zones intermédiaires. A la distance aphélique de la Comète de 1680, l'attraction solaire n'est plus que 0 mètre 000 000 008 333, et la Comète n'est attirée que par une force qui lui ferait seulement parcourir 416 cent millièmes de millimètres dans la première seconde de chute ! Aussi semble-t-elle une morte soutenue dans le vide sombre comme un léger fantôme. Toutes celles qui s'égarent jusqu'en ces régions ne forment qu'une lente procession d'ombres sépulcrales ! A cent fois la distance aphélique de la même Comète, l'attraction du Soleil n'est plus que de $0^m,0000000000008333$. Ainsi, entre les deux sphères d'attraction du Soleil et d'Alpha du Centaure, la force directrice des mouvements célestes est, pour ainsi dire, devenue nulle, et un corps placé dans cet éloignement demeurerait suspendu pendant des milliers d'années sans se mouvoir. On croit approcher du néant ou du chaos ; mais après avoir traversé ces solitudes on pénètre dans de nouveaux systèmes.

Enfin, lorsque j'eus franchi l'orbite de plusieurs planètes postérieures à Neptune, dont la dernière, Hypérion, gît à 48 rayons de l'orbite terrestre et gravite en une révolution de 335 ans, je suis arrivé à Neptune, situé à 1147 millions de lieues d'ici. Il y a de cela treize siècles.

Ici l'Esprit se tut pendant quelques instants, comme lorsqu'on a terminé l'exposition d'un sujet. Et en effet, il venait de me faire passer en revue par son voyage toute la constitution des cieux, depuis les confins de l'amas stellaire dont notre soleil fait partie, et depuis les univers lointains étrangers au nôtre, jusqu'à notre propre système planétaire, dans lequel il arrivait dans son récit. J'avais religieusement écouté et lentement approfondi les grands nombres par lesquels sa synthèse descendit successivement des profondeurs de l'infini jusqu'à la région céleste où nous vivons, et lorsqu'il m'eut appris qu'il était arrivé à Neptune, la dernière planète connue aujourd'hui, il y a treize siècles, je songeai que ce fait datait par conséquent du sixième siècle de notre calendrier, et je lui dis :

« Nous sommes actuellement en l'an 1872 de l'ère chrétienne. Vous êtes donc passé par Neptune au temps du règne de Chilpéric et de Frédégonde. Depuis cette époque, vous voyagez à raison de cent lieues à l'heure et vous êtes seulement arrivé cette année sur la Terre !

— Dans l'espace, répondit l'Esprit, nous ne comptons pas de temps, comme je vous l'ai déjà fait comprendre. L'histoire de la planète terrestre et de ses dynasties politiques est de l'insignifiance la plus absolue. L'ère chrétienne elle-

22.

même, qui paraîtrait à plusieurs points de vue devoir exister dans le ciel comme chez les nations évangélisées n'est pas connue des autres mondes. Mais à compter par translations terrestres, il y a réellement 1308 ans que je suis passé par Neptune.

— Ainsi, répliquai-je, comme pour mieux affirmer cette mesure de l'espace par le temps, si un homme pouvait partir aujourd'hui de la Terre et se diriger vers la limite connue des astres planétaires, le monde de Neptune, il n'arriverait à ces frontières, en voyageant avec l'extrême rapidité de cent lieues à l'heure, que dans 1308 ans, c'est-à-dire l'an trois mille cent quatre-vingt?

— Vous l'avez dit. C'est la mesure du demi-diamètre de la dernière orbite planétaire connue. Ces 1308 années terrestres ne sont toutefois que huit années neptuniennes... Le calendrier change complétement d'une planète à une autre. Cependant une année de Neptune n'est pas plus longue pour les habitants de cette planète qu'une seule année de la Terre n'est longue pour vous. Au point de vue de l'absolu, pour un esprit non incarné, ces deux longueurs ne sont *rien*, et sont égales dans leur néant. Le temps est formé par les mouvements périodiques des corps matériels, et les corps matériels, qui changent avec lui, lui sont seuls soumis. Les forces, entités réelles indépendantes de la matière, puissances dynamiques impondérables qui soutiennent les poids, sont presque indépendantes du temps, car elles se transmettent avec une rapidité qui s'approche de l'instantanéité. L'âme de l'homme, quoiqu'elle soit enveloppée de la substance fluidique qui forme ici-bas un intermédiaire nécessaire entre le corps et elle, et qui survivant à la mort du corps terrestre reste attachée à la monade spirituelle, l'âme, dis-je, peut se transporter d'un point à l'autre de l'espace avec une rapidité plus grande que celle de la lumière et de l'électricité, et pour ainsi dire instantanée.

— Mais, ô Esprit, si l'âme peut voyager avec une telle rapidité dans l'étendue, pourquoi avez-vous employé tant de siècles à venir des confins de l'univers astronomique?

— J'aurais pu accomplir la même traversée en quelques jours, répliqua l'Esprit avec bienveillance. Mais, je vous le répète, jours ou siècles ne diffèrent pas de longueur pour un esprit. Et je n'ai pas été plus *longtemps* à faire mon voyage que si j'étais venu instantanément.

Préexistante à la vie, l'âme n'a aucun âge au

moment où elle s'incarne. Elle n'a aucun âge au moment où la vie cessant, elle se détache de son vêtement terrestre. Elle n'est pas plus âgée lorsqu'elle s'incarne de nouveau soit sur la terre, soit sur une autre planète. Elle ne vieillit pas pendant l'éternité. En s'écoulant sur elle, les siècles y laissent moins de traces que l'eau du ciel sur les blanches épaules d'une statue de marbre.

Il n'en est pas de même des corps animés, des combinaisons d'atomes, des agrégations de molécules, des mondes matériels et de tous les astres qui constituent l'univers physique. Le temps existe pour ces mondes et par eux. Les soleils n'ont pas de nuits, et, jouissant d'un jour perpétuel, se rapprochent déjà des conditions de l'éternité. Mais ils ont des translations, des modifications de température et des variations qui leur distribuent une mesure de temps, lente il est vrai, mais réelle. Ils ne durent pas toujours, mais vieillissent et meurent. Les mondes planétaires ont des jours et des nuits, des mois, des saisons, des années. Les mouvements qui les emportent forment leurs calendriers variés, donnant à la Terre des années de 365 jours par lesquelles se mesurent toutes les existences écloses sur cette planète, — à Jupiter des années de 10,400 jours,

à Saturne des années de 25,421 jours, au Soleil
et au système planétaire une révolution de plus
de deux cent mille de vos années. Avec le temps
les étoiles changent de place, les constellations se
déforment, les systèmes se détruisent, les planètes s'écroulent en poussière et les soleils s'étei-
gnent. Le temps, c'est-à-dire le mouvement,
existe donc pour les objets matériels.

Il n'existe pas au point de vue de l'absolu ; car
dans l'espace pur, entre les corps célestes, il n'y
a pas de temps ni de mesure. L'Esprit n'est pas
davantage soumis au temps ; il ne peut le mesurer qu'en employant les mouvements planétaires,
pendules séculaires des cieux.

Aussi les cent trente-huit billions de siècles
que j'ai employés à faire mon voyage sidéral ne
comptent pas pour moi comme ils comptent pour
les mondes matériels, et je ne suis pas plus âgé
qu'au moment de mon départ. Tel est le grand
principe sur lequel j'appelle ici votre attention.
L'univers matériel est la demeure changeante
des Esprits, qui n'y vieillissent pas.

Dans la vie d'un Esprit, ou, pour parler plus
exactement, dans une phase de la vie éternelle
d'un Esprit, un monde de l'importance de la
Terre entière, et même de Saturne ou Jupiter,

peut naître, vivre et mourir, et son histoire entière s'accomplir, son humanité apparaître, se civiliser, progresser, arriver à son apogée, et disparaître, tandis que chacun des esprits qui l'auront habité sera demeuré intact, se réincarnant plusieurs fois sur cette même planète, et passant d'une planète à une autre, en séjournant dans l'espace, sans vieillir.

Il y a deux mondes bien distincts dans la création : le monde spirituel, pour lequel n'existent pas les conditions matérielles, telles que le temps, l'espace, le volume, le poids, la densité, la couleur, et dans lequel existent les principes de justice, de vérité, de bien, de beau, qui sont coéternels à Dieu ; le monde physique, pour lequel n'existent ni bien ni mal, ni juste ni injuste, ni beau ni laid, mais qui repose sur les principes de la réalité matérielle, temps, espace, dimensions, poids, etc.

— Maître ! répliquai-je en entendant cette classification, si les éléments du monde physique sont absolument étrangers au monde des esprits, comment ceux-ci peuvent-ils connaître l'univers, voir les mondes, voyager de l'un à l'autre ? Comment, pendant l'incarnation, l'âme peut-elle même percevoir l'univers extérieur ?

— Par les principes intermédiaires, répondit l'Invisible. Ces principes intermédiaires sont les *forces*, l'attraction, la lumière, la chaleur, l'électricité.

L'âme, même incarnée, ne saurait avoir d'action directe sur la matière. Si votre âme peut s'occuper d'astronomie, de physique, de chimie, de sciences exactes, en un mot, ce n'est pas par sa propre intuition ou par sa propre puissance, mais grâce aux agents intermédiaires. Votre corps, d'autre part, ne saurait agir non plus sans ces forces. Ces forces sont le *substratum* de l'univers, existent universellement à l'infini et occupent tout l'espace, dans lequel les atomes ne font que flotter. Les atomes constitutifs d'un morceau de fer, de marbre ou de terre, d'une molécule d'eau ou d'air, d'oxygène ou d'hydrogène, ne sont pas soudés solidement les uns contre les autres comme ils le paraissent, mais sont isolés, séparés, aussi bien que les planètes, les mondes de l'univers le sont les uns des autres. Il n'y a rien d'absolument solide, mais il y a des interstices, des espaces relativement immenses entre les atomes constitutifs de tous les corps, animés et inanimés, si bien que la force calorifique, par exemple, les rapproche ou les éloigne, dilate ou resserre les volumes, produit les solides apparents, les liquides et les gaz, trois états différents des mêmes substances et qui ne sont dus qu'à la force calorifique. Un œil qui verrait la structure atomique d'un objet ne verrait plus cet objet lui-même : la vue le traverserait. Ainsi vous ne voyez de votre univers que ses atomes, ses étoiles ; il faut regarder de très-loin pour reconnaître la forme définie d'un univers, d'un amas d'étoiles. Eh bien ! lorsque vous recevez un rayon de lumière, par exemple, ce rayon traverse l'orbite de vos yeux et la structure même de votre organe pour aller frapper un nerf, lequel n'éprouverait aucune sensation d'ailleurs si, la vie étant détruite, votre âme n'était pas là pour interpréter la commotion, donner un sens aux vibrations lumineuses transmises par le nerf optique. Entre l'objet vu et votre âme il y a l'agent intermédiaire, la force, qui ici est la lumière, sans laquelle votre âme ne saurait être mise en rapport avec l'objet.

Mais l'organisme actuel que vous possédez n'est pas nécessaire pour cette œuvre. La lumière, comme la chaleur, comme l'électricité, comme d'autres forces que vous ne connaissez pas, se transmet par le mouvement, par des vibrations ou ondulations que votre âme pourrait recevoir sans aucun des sens que vous possédez. L'œil n'est pas nécessaire pour voir. Un autre organe pourrait le remplacer, organe différent de l'œil, qui serait, par exemple, sensible aux ondes lentes et verrait la chaleur, ou bien aux ondes rapides et verrait l'action chimique, et donnerait à l'âme la notion d'une partie plus ou moins étendue des choses que vous ignorez, parce que vous n'avez pas de sens pour les apprécier. Vous vivez au milieu d'un monde invisible, dans lequel les esprits, munis d'autres sens que les vôtres, perçoivent un nombre indéfini de réalités dont vous ne pouvez avoir connaissance.

Vous devez donc voir dans l'univers : 1° l'élément *matière*, soumis aux conditions finies de l'espace, subdivisé en atomes très-petits, immuables en grandeur et en masse ; 2° l'élément *dynamique*, qui, au contraire, n'est pas soumis aux conditions finies ; 3° l'élément *animique*, l'esprit, essentiellement individualisé dans l'espace et, à l'opposé de l'élément matière, incompatible avec toute idée de formes et de limites définies.

— Esprit inconnu qui me parlez, repartis-je, qui que vous soyez, je vous ai écouté avec respect, et j'ai le bonheur d'ajouter que je comprends cette synthèse. Je vois les astres et les atomes, les forces qui soutiennent et régissent les corps pondérables, les esprits qui habitent les mondes ou séjournent dans l'espace ; l'univers s'illumine à mes yeux d'une clarté nouvelle qui me fait juger sa grandeur et sa beauté. Mais vous ne m'avez pas montré Dieu ?

— C'est qu'il est impossible aux Esprits eux-mêmes de deviner l'Être infini, répliqua la voix. On vous a fait adorer jusqu'à ce jour un dieu créé à l'image de l'homme, ou l'on vous a nié bravement l'existence d'un Auteur de la nature parce qu'on ne le comprenait pas. Ni les dogmes des théologies officielles, ni les négations de l'athéisme ne sont vrais.

Dieu n'existe pas plus en aucun point du Ciel que sur la Terre, ou pour parler plus exactement, il n'est nulle part plus visible qu'ici. Il n'y a, en aucune région de l'infini, de lieu fixe pavé de pierreries, sur lequel soit édifié le trône du Très-Haut. L'empyrée du moyen âge n'existe pas plus que l'olympe grec. Le paradis de Mahomet n'a jamais brillé que dans la brûlante imagination des disciples du prophète. Les sept cieux de Bouddha n'ont pas de réalité plus effective que celle qu'on leur a donnée sur les fantastiques dessins chinois et japonais qui vous les représentent. Voir Dieu face à face est une expression purement symbolique. Les yeux du corps glorifié le plus angélique ne sauraient voir ni admirer nulle part cette personne invisible. Le Ciel n'existe pas. L'espace astronomique est infini. Dieu est un pur esprit, ou mieux, *le* pur esprit, conscient de lui-même, et de chaque partie infinitésimale de l'univers entier, personnel, mais sans forme, infini et éternel, c'est-à-dire sans étendue et sans durée, aussi réellement présent ici au milieu de Paris, où je vous parle, que sur les étoiles les plus brillantes, aussi actif dans les œuvres de la nature terrestre que dans les sublimes manifestations des sphères spirituelles supérieures.

L'Être infini, cause des causes, principe de tout ce qui est, vertu et soutien de l'univers, absolu, éternel, est d'ailleurs entièrement incompréhensible pour vous, pour moi, pour tous les êtres. Son existence est incontestable, car il serait impossible d'expliquer sans elle l'existence de l'intelligence dans la création, des mathématiques (que l'homme n'a pas inventées, mais trouvées), des vérités intellectuelles et morales. Mais l'Auteur et Juge suprême de toutes choses est au-dessus de notre conception. Déjà nous pouvons concevoir que pour lui il n'y a ni temps ni espace, qu'il voit tout à la fois, et l'astronomie vous a même appris que la lumière émanée de tous les soleils et de toutes les planètes porte leur histoire ancienne dans l'espace, de telle sorte qu'en se supposant placé au point où arrive aujourd'hui le rayon lumineux réfléchi par la Terre il y.a cent ans, on reverrait la Terre de cette époque avec ses habitants, et ainsi pour tout le passé de la Terre que l'on pourrait revoir en s'éloignant suffisamment, et ainsi pour l'histoire de tous les mondes, qui reste ainsi permanente dans l'infini, dans Dieu. Déjà nous pouvons concevoir aussi que l'avenir soit présent pour lui aussi bien que le passé, car les événements qui doivent se succéder sont aussi bien renfermés dans l'état actuel de l'univers que le passé s'y trouve lui-même dans son résultat. Mais chercher à comprendre la nature intrinsèque et le mode d'action de l'Être infini serait une peine absolument stérile.

Et maintenant, mon fils, votre âme a reçu, a senti la notion de l'infinité de l'espace. A-t-elle aussi exactement compris celle de l'infinité de la durée? Concevez-vous suffisamment la grandeur de l'idée, du fait représenté par ce mot : l'*Éternité?*

—La durée sans fin, répondis-je, me paraît plus difficile à imaginer que l'espace sans fin. Je me suppose facilement arriver à une prétendue barrière dans l'immensité, voir de l'espace au delà de cette barrière, imaginer une limite plus loin, arriver à cette limite, voir encore l'espace au delà, et toujours ainsi, sans jamais pouvoir atteindre en aucune direction une limite qui n'existe pas. Mais je l'avoue, le temps indéfini, ou pour mieux dire l'éternité sans limites, m'effraye plus qu'elle ne m'étonne, de sorte que c'est à peine si ma pensée a la force de regarder en face un tel sujet.

— Votre idée d'une barrière toujours reculée dans l'espace, répliqua l'Esprit, est applicable à la notion de l'éternité. Quelle que soit la durée des temps que vous imaginiez, vous pouvez vous y supposer parvenu, et constater qu'après ce temps écoulé on ne peut pas arrêter pour cela la durée, et que le temps continuera encore de couler. En portant plus loin la prétendue limite, au delà il y aura encore du temps, et ainsi de suite, sans fin possible. Mais songez bien que ce sont là seulement deux comparaisons destinées à rendre sensibles ces notions, mais qu'en réalité, l'infini comme l'éternité sont sans mesure.

Dans l'éternité sans mesure, sans commencement et sans fin, l'univers matériel produit de la
mesure, du temps, par ses mouvements. Mais
ces mesures elles-mêmes n'ont rien d'absolu. Si la
Terre tournait deux fois, cent fois plus lentement,
les jours, les ans seraient deux fois, cent fois plus
longs qu'ils ne sont; mais ils seraient *les mêmes*
pour vous. Si la Terre devenait cent fois, mille
fois plus petite, et que vos monuments, votre
taille, devinssent cent fois, mille fois plus petits
qu'ils ne sont, tout serait resté *le même* pour
vous : le mètre serait toujours la dix-millionnième
partie du quart du méridien terrestre, vous verriez les objets sous le même angle, etc. Toutes
vos idées, qui vous ont paru absolues jusqu'ici,
sont purement relatives à votre planète péris-
sable.

Dans l'éternité immobile, les Esprits restent,
les choses matérielles passent.

Mais voici bientôt les premières lueurs de l'aurore qui s'annoncent. Je ne tarderai pas à reprendre mon vol et à continuer ma route céleste.
Je vous ai dit que je traverse l'univers de part en
part, et qu'après m'être arrêté ici je continue ma
route, à l'opposite d'Orion, vers Ophiuchus. Je
reviendrai ensuite ici, puis à mon point de départ.

Lorsque je reviendrai dans ce quartier du ciel où plane actuellement le système solaire, lorsque ma traversée sidérale m'aura ramené au port où je m'arrête un instant aujourd'hui, ce port n'existera plus. Je dirige ma course céleste jusqu'aux confins de votre univers visible, et il reste autant de chemin à parcourir pour y arriver que j'en ai déjà fait pour venir jusqu'ici, c'est-à-dire que je n'arriverai au but de mon voyage que dans cent trente-huit billions de siècles environ, continuant de voler avec la même vitesse constante de cent lieues à l'heure. Je compte rester là-bas pendant cent siècles, pour diriger la formation d'une humanité nouvelle qui occupera avec honneur, je l'espère, ce département de l'espace. Puis, je reviendrai en ligne droite non-seulement ici, mais au point d'où je suis parti.

Or, lorsque je repasserai par ici, ce sera dans deux cent soixante-dix-sept billions trois cent quatre-vingt millions sept cent quatre-vingt-neuf mille trois cent siècles. A cette époque, la Terre n'existera plus.

Oui, cette belle planète, si vivante aujourd'hui, si rayonnante d'activité, si bruyante et si riche, à la surface de laquelle les générations se succèdent si rapidement, cette planète sera morte, bien

morte — plus que cela : détruite! Aussi bien elle
recèle aujourd'hui dans son sein les éléments et
les dates de ses origines, aussi bien elle contient
les germes de sa décadence et de sa fin. Et non-
seulement elle, mais encore ses compagnes : Vénus sa jeune sœur, si ressemblante et si merveilleusement vivante de même actuellement, Mercure
ardent et rapide, Mars dont la géographie est si
curieuse, Jupiter noble et imposant dans son
cours, Saturne ceint d'un triple anneau et envi-
ronné de huit satellites, Uranus lent et vénérable,
Neptune dont les années sont des siècles : tous
ces mondes auront cessé de vivre. Que dis-je? Ils
auront perdu toute chaleur : eau, air, liquides,
gaz, cohésion, affinité, principes d'existence et de
vie, tout aura disparu. Déserts silencieux roulant
dans le morne espace, ils ne montreront plus que
des glaces et des rochers dénudés aux rayons af-
faiblis du Soleil. Les météores, les vents, les
pluies, auront fait descendre les montagnes dans
les plaines, exhaussé le lit des mers et augmenté
progressivement la surface de l'Océan, qui occupe
déjà actuellement les trois quarts de la Terre et
finira par l'occuper tout entière. Les taches du
Soleil auront augmenté de nombre, et ce grand
corps sera refroidi par son long rayonnement

dans l'espace. D'abord on aura vu ces taches s'étendre comme deux zones sombres de chaque côté de son équateur, et les météorologistes auront constaté une diminution sensible de sa chaleur et de sa lumière. Avec les millions de siècles amoncelés le refroidissement deviendra tel que les organismes planétaires péricliteront et feront place à des êtres nouveaux constitués pour vivre dans le froid. Mais un siècle viendra où le Soleil devenu rouge sombre, puis obscur, cessera d'être le foyer de la famille qui si longtemps puisa en lui son magnétisme et sa vie, et n'enverra plus autour de lui qu'une clarté blafarde et sinistre. Les jours seront des nuits, et il n'y aura plus de printemps ni d'étés. Les mondes lourds et obscurs rouleront comme des boulets noirs autour d'un autre boulet noir. Ce sera la nuit universelle pour ce système. Terre, Lune, planètes, emporteront dans l'immensité les tombeaux fossiles de leurs derniers habitants. Dans ce même temps, bien d'autres soleils de l'univers, qui brillent actuellement comme d'étincelantes étoiles, seront éteints comme le vôtre, tandis que de nouveaux astres se seront allumés. D'ailleurs les étoiles qui resteront encore d'aujourd'hui auront changé de place. Les constellations seront toutes déformées. Les sept de la grande Ourse, lors même qu'aucune d'elles ne serait éteinte, ne formeront plus un chariot, le char du Nord sera disloqué, et en vertu de leurs mouvements propres, elles se seront écartées les unes des autres au point de former d'abord un trapèze, puis un immense triangle, puis une informe ligne brisée. Orion, la magnifique constellation du Sud, aura subi le démembrement séculaire du temps, les Trois Rois se seront séparés, Rigel sera éteint, Aldébaran se sera enfui loin des Pléiades, Sirius aura perdu son sceptre, et les étoiles d'Hercule seront devenues des astres de première grandeur. Le Ciel sera méconnaissable, et la Terre, caduque, desséchée, désagrégée, sera tombée en morceaux qui, se distribuant le long de son orbite, continueront de courir autour du Soleil mort. Squelettes minuscules tournant autour d'un squelette géant, aérolithes emportant dans la nuit les derniers fragments d'une terre anciennement habitée, ils pourront être enveloppés au passage par une comète hyperbolique qui en entraînant quelques-uns dans son cours ira les semer dans un autre système, sur une planète inconnue dont les habitants, les recueillant pour les placer sous la vitrine d'un muséum, les analyseront sans découvrir l'histoire de la Terre d'où

ils parviendront, comme les aérolithes que vous
conservez sans deviner le mystère de leur prove-
nance... Voilà où en sera la Terre et ses habitants
quand je serai au retour de ma mission céleste.
Les corps seront retournés à la poussière. »

Lorsque l'Esprit eut parlé de la sorte, je me
sentis frissonner jusqu'au fond de mon être en
comprenant la profondeur de ces révélations, que
j'avais écoutées dans un recueillement attentif.
Je vis l'avenir, les étoiles changées de place, les
constellations disloquées, le système planétaire
détruit, *le Soleil éteint*, la Terre — où nous vivons tranquillement aujourd'hui — *la Terre elle-
même anéantie*, et rien en sa place dans l'endroit
de l'espace qu'elle occupe actuellement ; je sentis
que cette perspective était vraie, et considérant
que l'Esprit parlait de ces siècles étranges sans
paraître sentir le temps ni vieillir, je songeai à ce
que deviendra, dans cette éternité qui est devant
nous, chacune de nos âmes, ô mes lecteurs, et ce
que je deviendrai moi-même dans ces destinées,
et comme frappé par un coup de foudre, je lui
jetai ce seul cri personnel, qui lui exprimait bien
naïvement l'étendue de mon anxiété soudaine,

cri que chacun de vous sans doute lui aurait jeté
de la même façon :

« *Et moi?*

— Et vous? Eh bien! vous êtes comme moi,
vous êtes immortel, indestructible.

— *Indestructible!* m'écriai-je, en sentant pour
la première fois de ma vie l'étrange bienfait de
cette faveur. Mais où serai-je d'aujourd'hui en un
siècle, par exemple?

— Dans l'espace — nul ne peut en sortir —
— c'est l'infini. Vous serez probablement encore
dans votre système planétaire.

— Et dans mille ans?

— Vous continuerez d'exister.

— Et dans cent mille ans?

— Vous serez toujours. Sans doute voyagerez-
vous. Pour un astronome, ce n'est pas là une situation désagréable.

— Vous plaisantez de ces choses qui vous sont
familières, ô Esprit! Mais moi, je vous l'avoue,
j'en suis effrayé..... Et où serai-je dans un million
d'années? ajoutai-je en tremblant.

— Vous continuerez d'exister dans l'espace
infini. Et ainsi dans dix millions, dans cent millions d'années. Et après cent millions d'années,
vous ne serez pas plus âgé qu'aujourd'hui. Vous

recommencerez cent autres millions d'années...,
et ainsi de suite.

— Sans pouvoir mourir? m'écriai-je, épouvanté du ton si simple et si affirmatif avec lequel l'Esprit me présentait ces effrayantes vérités.

— Immortel, indestructible, pour toute l'éternité. N'appréciez-vous pas à sa valeur ce divin privilége? Songez donc que les millions de milliards de siècles ne sont *rien* dans l'éternité, et qu'après leur écoulement on les recommence comme si on ne les avait pas franchis... et que votre existence est désormais *sans fin possible*.

. . . .

— Vie éternelle!... sans... fin... possible! répétais-je, en cherchant à comprendre, et en sentant mon cerveau se fondre dans mon crâne. Ah!... et je tombai comme tombe un homme mort. »

NOTE

SUR LES

DIMENSIONS MESURÉES DANS L'UNIVERS

Astres appartenant au Soleil.

Diamètre de la Terre...............	3 183 lieues de 4 k.
Hauteur de l'atmosphère aérienne .	12 —
Distance moyenne de la Lune....	96 109 —
Distance minimum de Vénus.....	10 200 000 —
— de Mars........	19 300 000 —
— de Mercure....	22 600 000 —
Distance moyenne du Soleil......	37 000 000 —
Distance minimum de Jupiter	155 000 000 —
— de Saturne	315 000 000 —
— d'Uranus......	666 000 000 —
— de Neptune....	1 073 000 000 —
Distance de la comète de Halley à son aphélie....................	1 309 000 000 —
Distance de la comète de 1811 à son aphélie........................	15 387 800 000 —
Distance de la comète de 1680 à son aphélie........................	32 000 000 000 —

Étoiles,

NOMS.	Éclats	Paral-laxes.	Distances en rayons de l'orbite terrestre.	Distances en *millions* de lieues.	Temps que la lumière emploie pour venir à la Terre	
Alpha du *Centaure*......	1	0″91	226 400	8 376 800	3 ans	8 mois
61ᵉ du *Cygne*...........	5½	0 51	403 600	14 933 200	6	5
21185 Lalande.........	7½	0 51	404 000	14 948 000	6	6
34 Groombridge........	8	0 307	671 900	24 860 300	10	11
21258 Lalande.........	8½	0 26	793 300	29 352 100	12	2
7415 Oeltzen..........	8	0 247	835 100	30 898 700	13	5
Sirius.................	7	0 23	897 000	33 189 000	14	2
61ᵉ du *Dragon*.........	5	0 22	910 000	33 670 000	14	5
1830 Groombridge......	7	0 22	912 700	33 769 900	14	7
B du Centaure.........	1	0 21	936 000	34 632 000	15	5
Véga.................	1	0 17	1 360 000	50 830 000	21	3
70 p Ophiuchus........	5	0 168	1 400 000	54 000 000	22	1
Iota de la Grande-Ourse.	4	0 133	1 550 900	59 000 000	24	5
Arcturus..............	1	0 127	1 624 000	61 600 000	25	8
Gamma du Dragon....	2	0 092	2 292 000	90 000 000	35	9
Étoile polaire.........	2	0 076	2 714 000	117 600 000	50	0
Capella ou la Chèvre..	1	0 046	4 484 000	170 400 000	71	8

Ce sont là les étoiles *les plus proches* de nous, les seules dont la distance a pu être déterminée. Toutes les autres, qui se comptent par millions, sont incomparablement plus éloignées.

Il y a des étoiles dont la lumière ne peut nous arriver qu'après cent ans, mille ans, dix mille ans, de marche incessante de 77 000 lieues par seconde.

Pour traverser l'univers sidéral dont nous faisons partie (la Voie lactée), la lumière n'emploie pas moins de 15 000 ans.

Pour venir de certaines nébuleuses, elle doit marcher pendant plus de trois cents fois ce temps : pendant cinq millions d'années.

En méditant sur ces vérités, on commencera à se former une idée exacte de la grandeur de l'univers, de la majesté de ses lois, et de l'insignifiance absolue des événements terrestres et des misères humaines.

FIN

TABLE DES MATIÈRES

RÉCITS DE L'INFINI

I — LUMEN

-II — HISTOIRE D'UNE COMÈTE

III — DANS L'INFINI

FIN DE LA TABLE.

Paris. — Imp. Viéville et Capiomont, rue des Poitevins, 6.